KB106152

도시조명 다르게 보기

도시조명 다르게 보기

조명디자이너의 도시 관찰기

백지혜 지음

아트로드

서문

빛은 물리적인 형태는 없지만 우리의 삶 속에 깊숙이 들어와 있다. 해가 지면 모든 생활을 멈추어야 했던 시절에 비하면 지금은 엄청난 과학기술의 발전으로 일몰 후에도 여전히 활동을 이어갈 수 있다.

우리는 건축물을 장식하는 경관조명뿐 아니라 공원, 도로 조명과 같이 일상적으로 경험하는 빛, 조명예술 작품, 미디어 파사드, 빛축제에 이르기까지 다양한 방식으로 도시조명과 함께 살고 있다.

조명에 대한 나의 첫 업무는 1994년 강남삼성병원 신축현장에서 시작되었다. 이후 공간디자인에 있어서 조명의 중요함을 깨닫고, 좀더 체계적으로 배우고자 했으나 당시 우리나라에는 조명디자인 전문가가 없었다. 그러다 1997년 안양 베네스트 클럽하우스 프로젝트와 삼성어린이박물관 프로젝트를 진행하게 되었고, 미국의 조명디자이너와 협업하면서부터 조명디자이너로서의 삶이 시작되었다.

12년간의 실내디자이너로서의 삶에 권태기가 찾아올 무렵, 미국 유학길에 올라 늦깎이로 건축조명디자인을 공부하게 되었다. 조명 이론은 주로 사진이나 환경심리 전공에서 부분적으로 다루는데 내가 공부한 파슨스디자인스쿨에서는 건축설계의 한 분야로서 확장된 조명의 역할을 공부할 수 있었다. 건축조명설계 커리큘럼은 '사람'에서 시작하는데 사람의 눈에서 일어나는 '보다'의 오류에 관여하는 시각의 특성을 공부하고, 눈으로 '보고' 뇌에서 '지각하는' 사이에 관여하는 시스템을 배웠다.

조명디자인 일을 하면서 벽, 바닥, 천장이 있는 공간에서 나와 건축, 공원, 그리고 도시를 보게 되었다. 유전적인 것뿐 아니라 일상 환경, 시각적 경험, 생활습관에 의해 같은 것을 보고 다르게 지각할 수 있다는 사실이 놀라웠다. 조명디자인에 관심을 갖는 젊은 디자이너들에게 가장 강조하는 부분이기도 하다.

빛환경을 계획한다는 것은 '어떻게 만들겠다' 보다 '어떻게 보일 것인가'에 대해 더 많은 고민을 해야 한다. 아울러 환경을 사용하는 사람뿐 아니라 환경에 속한 모든 요소들에 사회적인 책임을 가져야 한다. 다양한 물성과 어울려 '효과'를 만들고 감동을 주는 빛은 의도치 않은 퍼짐과 가림으로 피해를 주기도 하고, 무분별한 빛의 과용으로 인해 사람과 자연 생태계에 피해를 입히는 부작용도 생기기 때문이다.

이 책에 실린 글들은 2017년부터 지금까지 〈서울문화투데이〉에 '문화로 들여다보는 도시조명 이야기'라는 이름으로 기고했던 칼럼들이다. 도시조명을 계획하면서 혹은 도시조명에 대한 정책 수립에 직간접적으로 관여하면서 조명의 혜택을 누리는 사람들에게 알려주고 싶었던 이야기, 알아야 한다고 생각했던 이야기들을 담았다. 또한 해가 지면서 주경의 복잡함은 사라지고 비로소 드러나는 야경의 신비를 선사하는 경관조명을 우리가 제대로 누리기 위하여 어떤 사명감과 공공성을 가져야 하는지도 이야기하고 싶었다.

도시의 빛은 모두의 관심과 격려 속에서 만들어져야 가치가 있고, 오남용에 대한 날카로운 지적 속에서 성숙해진다. 이 책을 읽고 여러분 주변의 빛에 대해 관심을 갖게 되고, 좋은 빛환경 아래에서 더 나아진 삶의 질을 경험하게 되길 바란다.

2023년 8월

백지혜

목차

2 서울의 밤

3 사회적 조명

4 빛의 예술

1

도시의 빛

안전과 감시 사이

도시조명의 시작은 아름다운 야간경관을 만들어내는 것보다는 위험한 밤거리의 안전을 위한 것이었다. 과거 프랑스 파리에서 어두운 밤은 재난의 의미와 가까웠으며, 어두워지기 시작하면 침입자로부터 안전해지기 위해 도시로 진입하는 문을 잠갔다. 그 열쇠는 치안을 담당하는 사람이 가지고 있었으며, 해가 진 뒤에는 그들만 통행이 가능했다. 그들이 무기와 함께 들고 다니는 횃불은 길을 밝히는 용도이자 신분과 권력의 상징이기도 했다. 횃불을 들지 않고 밤에 돌아다니면 곧바로 체포되어 엄격한 조사가 이루어졌다. 이후 가로등이 다시 갖게 되는 사회적 역할과 무관하지 않다는 것은 매우 흥미로운 사실이다.

이러한 전통은 16세기에 이르러 고정된 조명으로 발전했다. 매일 오후 6시경 1층 창문에 랜턴을 걸어두도록 하여 집 내부뿐 아니라 길거리까지 비추도록 하는 법이 만들어졌다. 드러내 보인 취지는 안전을 지키기 위해서라고 했지만 사실상 정치적으로 혼란했던 시기 삼삼오오 모여 일을 꾸미는 시민들을 감시하기 위해서였다. 하지만 대부분의 빛이 실내에 머물러 거리를 비추기에는 턱없이 부족했다. 이것도 집 안에서 일어나는 일들을 감시하기 위한 것이었으며, 손에 들고 다니던 횃불의 기능을 연장한 것 이상의 의미는 없었다.

17세기 후반에 이르러서야 거리를 밝히기 위한 랜턴이 외부에 설치되었는데 이는 관의 감시 범위를 집 안에서 집 밖으로 확장하는 의미이기도 했다. 가로등의 출현으로 절대 권력을 가지게 된 경찰은 빵이 어떻게 구워지는지, 맥주가 어떻게 발효하는지 집집마다 일어나는 소소한 일상들을 감독하며 도시를 평화롭게 유지하려고 애썼다. 해진 뒤 한 장소에 사람들이 모이면 주동자를 찾아내 합당한 이유가 없으면 바로 체포하거나 어떤 방법으로든 제거하는 것이 그들의 주 업무였다. 소시민들은 그들이 지켜 주는 평화 속에서 살았다. 대도시 사람들이 무질서하게 행동하고 소동을 피우는 밤은 한적한 정글보다 더 위험했기 때문이다.

17세기 대대적인 도시경관 사업이 이루어졌고 이때 각자 집에서 내걸던 랜턴이 공공 서비스화 되어 경찰서에서 관리하기 시작했다. 그 형태도 변화하여 유리상자 안의 촛불 대신 작은 태양처럼 거리를 가로지르는 줄에 매달리게 되었다. 처음에 사람들은 시야에 방해가 된다는 불평을 쏟아냈으나 곧 밝은 밤거리에 지배당하고 말았다. 랜턴의 공공화는 겉으로는 시민의 안전을 이유로 내세웠지만 사실은 당시 어둠을 틈타 이루어지던 민중들의 모임을 감시할 목적이 숨겨져 있었다. 그래서 프랑스혁명 당시 하층민들 사이에서 '랜턴 스매싱Lantern Smashing'이 유행하기도 했다. 이 행위는 공권력을 향한 저항이었지만 유리 깨지는 소리만으로도 시민들은 답답한 마음을 위로받았다. 당시 프랑스 정부는 이를 왕권에 반항하는 범죄로 다루었다.

서울시 구역별 경관 개선사업에서도 빠지지 않고 등장하는 목표가 시민들의 안전을 위한 범죄예방환경설계인 셉테드CPTED, Crime Prevention Through Environment Design다. 건축이나 도시시설물 등의 설계 단계에서 범죄가 발생할 수 있는 가능성을 줄여 삶의 질을 높이자는 취지로 시야를 가리는 구조물을 없애 자연스러운 감시가 가능하도록 하고, 일탈된 행동을 하지 않도록 적절한 경각심을 줄 수 있는 환경을 조성하며 타인의 영역에 침입하고자 하는 욕구 자체를 차단하도록 한다.

조명계획에 있어서 밝은 공간을 조성하기 위하여 적정한 밝기를 정하고 균일한 밝기를 중요시 하는 이유는 상대적으로 어두워지거나 그늘져 어둠에 놓여지는 공간이 없도록 하기 위함이다. 도시의 가치나 경제적인 목적으로 설치되는 도시조명보다 시민의 안전을 위한 조명이 때로는 우선되어야 한다. 드라마틱한 도시야경을 위하여 안전과 안녕을 담보해서도 안될 것이다.

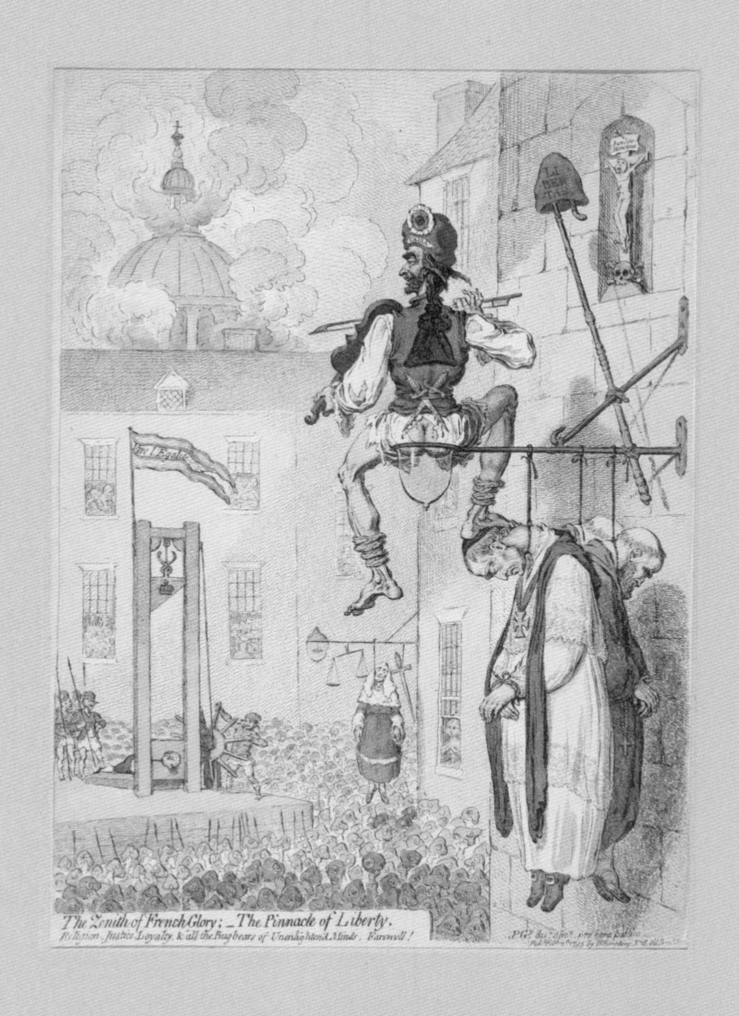

프랑스혁명 당시 시민들이 자신들을 감시하던 가로등의 램프를 깨뜨리고, 관리나 귀족을 가로등 기둥에 매달아 교수형을 집행하면서 가로등은 대중들에게 정의의 상징이 되었다.

가로등의 역사

밤을 밝히는 가로등의 역사는 기원전 4000년까지 거슬러 올라간다. 고대 메소포타미아 지역에서 동물 기름을 묻혀 횃불을 밝히고 제사와 같은 공동체의식을 가졌던 것으로 추측된다.

광원을 등주의 꼭대기에 설치한 지금과 같은 형태의 가로등은 17세기 네덜란드 암스테르담에서 등장했다. 16세기 네덜란드 인구가 급격히 증가하면서 밤에 시민들이 운하에 빠지거나 익사하는 사고가 많아지자 암스테르담시는 세계 최초로 가로등 설치와 관련된 내용을 담은 도시조명계획을 발표했다. 암스테르담에서 태어나 줄곧 도시의 모습을 그렸던 화가 얀 반 데르 헤이덴Jan van der Heyden은 유채기름에 목화 심지를 꽂아 불을 밝히는 랜턴을 등주 끝에 매단 가로등을 제안하고 거리의 폭이나 배치를 고려하여 42m마다 설치할 것을 권장했다. 광원의 광학적 특성을 잘 알 수 없던 당시의 상황에서 구체적인 숫자를 명시하고, 화가의 신분으로 도시를 밝혀 줄 가로등의 필요성을 깨닫고 그 방식과 형태까지 제안했다는 사실은 매우 놀랍다.

19세기에 들어서 등장한 가스를 연료로 한 가로등은 이전의 가로등이 주었던 충분하지 않은 밝기, 잦은 교체 주기, 제한적인 사용과 같은 불편함을 해결해 주었다. 1807년 런던 팰맬가에 처음 사용되었고, 1850년경에는 이미 런던 전역에 설치되었다. 가스 제조 공장과 맨체스터의 필립스&리 방적공장의 외부에도 가로등이 설치되면서 경관조명의 역사가 시작되었다.

가스등은 가스가 새면서 불이 나거나 폭발하는 등 여러 문제점도 있었지만 사람들의 생활 방식을 크게 바꾸어 놓았다. 상류층의 독서량이 늘어 문학과 철학이 부흥기를 맞은 것도, 야간근무제 도입으로 생산성이 증가하여 근로자의 삶이 더욱 고단해진 것도 모두 이 시기에 일어난 사회 변화였다. 시민들은 해가 진 뒤에도 계속 파티를 즐길 수 있었고, 상점에서 물건을 살 수 있었다. 밤거리가 밝아지면서 범죄 발생률이 줄어들어 도시는 시민들에게 안전한 곳이 되었다.

우리나라 최초의 가로등은 1897년에 세워진 장명등으로, 전기가 아닌 석유를 사용하여 불을 밝힌 등이었다. 이 등이 보급된 이후 사람들은 이전에는 어떻게 밤거리를 걸어 다녔냐고 할 정도로 획기적이었다. 당시 한성부에서는 일몰 후 사람들의 안전을 위해 달이 없는 날에는 반드시 문앞에 장명등을 걸어두라고 지시할 정도였다. 그리고 1900년 4월 10일,

국내 최초로 미국 전차회사가 전기 가로등 3개를 종로에 세웠다.

"이때의 가로등은 한국인들에게 엄청난 충격을 안겨 주었다. 어떤 사람은 개벽 이래 가장 신기한 빛이라고 했고, 어떤 사람들은 그 빛을 보고 달아나기도 했다. 평양에서 올라와 이완용의 집에 불려 갔던 어느 어린 기생은 그 빛을 보고 기절해버렸다." -김은신, 『한국 최초 101장면』, 가람기획, 2003

유행가 가사에도 나와 있듯이 초기의 가로등은 희미했다. 우선 전기 공급이 불안정하고 광량도 부족했다. 지금으로서는 상상할 수 없는 불량한 조명기구였지만 밤거리를 밝히기엔 충분했다. 이후 국내에 가로등이 보급된 것은 1960년대 말이라고 하니 지금으로부터 불과 50여 년 전이다. 그 짧은 기간 동안 가로등은 수은등에서 나트륨등 그리고 메탈할라이드등, LED로 진화했다.

광원의 진화에서 한 가지 주목해야 할 점은 색 표현력이다. 수은등은 도시 전체를 창백하게 바꾸었다. 버스 정류장에 서 있는 사람들의 얼굴은 파리해졌고, 흰색 와이셔츠는 보랏빛에 가까운 파란 기운이 돌았다. 나트륨등은 세상을 온통 주황색으로 물들였다. 가로등에 불이 들어오면 초록색이라고 알고 있던 가로수도 주황색이 되곤 했다. 도시경관에 획기적인 변화가 일어난 것은 나트륨등이 메탈할라이드등으로 교체되면서부터였다. 메탈할라이드등은 도시 본연의 색을 찾아주었고, 그 결과 밝기도 개선되었다. 고급 상점이 밀집한 강남의 한 도로에 처음으로 메탈할라이드 가로등이 설치되면서 도시의 다양한 색과 모습들이 드러나 '야간경관'이라는 개념이 생겨났다. 점점 그 가치가 부각되었으며 도시에서의 역할이 요구되기 시작했다.

이후 등장한 LED는 색 표현력을 포함한 모든 영역에서 진화되었으며, 환경적 측면에서도 중요한 의미를 지니고 있다. 광원의 수명이 늘어나고 효율이 좋아졌으며, 교체 주기도 훨씬 길어졌다. LED의 밝기에 대한 양적 개념은 무의미해졌고, 사용에 따라 스마트하게 증감이 가능해졌다.

진화의 끝까지 온 것 같은 가로등이 이제는 ICT와 결합하여 찾아가는 서비스를 하고 있다. 가로등에 미세먼지나 오존 농도 등 환경정보의 플랫폼 역할이 얹어져 주변의 교통정보를 받아들여 시민의 모바일 기기로 전송하기도 한다.

이렇게 가로등 광원의 특성이 진화하고 등주에 기능이 더해지면 도로별 가로등의 형태, 높이나 간격, 배치 기준도 달라져야 하지 않을까. 일반적으로 그 기준은 도로폭과 광원의 광학적 특성에 따라 정해지는데 그동안 계속해서 변화해 온 광원과 달리 그 기준은 거의 동일하게 적용되고 있다. 도시의 여러 조명요소를 관할하는 곳이 제각각이다 보니 도로의 조명 기준이 어떻게 통합적으로 만들어지고 관리될지 의문이다.

따뜻한 빛, LED

요즘 대세는 LED다. 집의 조명도 LED로 바꾸면서 전기세가 줄어들었고, 골목길도 갑자기 눈이 부실 정도로 환해져 물어보면 LED란다. 한강시민공원에서 바라본 반포대교 분수 쇼의 주인공도 LED요, 세빛섬의 다이내믹한 이미지 연출도 LED라는 것쯤은 이제 대부분의 사람들이 안다. 꽤 많은 사람들이 조명설계를 의뢰하면서 LED로 해달라고 요구한다.

LED의 장점은 정말 많다. 사람들이 흔히 알고 있듯이 에너지 소모량이 적다. 즉 전기세를 덜 내도 된다. 뿐만 아니라 탄소 배출량도 적고, 만드는 과정에서 공해물질을 덜 쓰고 폐기되는 과정도 친환경적이다. 게다가 수명도 길다. 백열등이 2천 시간, 형광등이 8천 시간인데 LED는 3만~5만 시간이다. 램프의 수명은 각자의 경험치가 다르겠지만 일반적으로 백열등 할로겐은 열심히 갈아 주어야 하지만 형광등은 제법 오래 쓰는 편이다. LED는 형광등의 3배 수명을 자랑한다.

그런데도 LED를 선뜻 받아들이지 못하는 사람들은 대부분 파란빛을 띤다는 이유를 댄다. 또 조명에 대해 조금이라도 관심이 있는 사람들은 눈이 부시다고 말하기도 한다. LED는 하얀빛을 내는 일반 광원의 빛처럼 보이기 위해 파란빛 위에 형광물질을 입히기 때문에 파란빛으로부터 출발한다. 형광물질을 많이 입히면 따뜻한 빛을 낸다. 그래서 원하면 파랗고 창백한 색이 아닌 따뜻한 색의 LED를 사용할 수 있는 것이다. 이미 선진국에서는 색온도가 높은 창백한 빛이 사람의 신체적·정신적 건강에 나쁜 영향을 미친다는 연구 결과가 나와 있다. 그래서 도시의 야간 경관을 구성하는 조명으로 아주 차가운 빛을 사용하지 못하도록 제한하기도 한다.

LED는 우리가 아는 것보다 훨씬 훌륭한 조명도구이나 형편없게 쓰이고 있다. 기존 광원들의 좋은 특성을 모두 가지고 있으나 효율, 수명에만 치중하여 퍼런 빛을 내는 조명이라는 오해를 받고 있는 것이다. 서울의 몇몇 유서 깊은 동네의 보안등만큼은 LED로 바꾸더라도 효율이 조금 낮고 색온도가 낮은 따뜻한 빛으로 하자는 제안은 여러 사람을 곤란하게 만드는 허영인 것이다.

서울시뿐만 아니라 여러 지자체에서 도로 조명, 보안등, 공원등을 LED로 교체하고 있다. 밝기 개선과 동시에 에너지 절감이라는 효과를 얻기 위한 것이다. 그러나 대부분 고효율이라는 명제 앞에서 도시가 창백해져 가는 것을 어쩔 수 없다고 여기는 점이 안타깝다. LED광원의 특성상 따뜻한 빛을 내기 위해 효율이 낮아지기 때문이다.

차량을 위한 차도는 고효율의 차가운 빛을 사용하고, 사람들이 이용하는 보행로나 공원의 산책로 조명은 고효율을 포기하고 따뜻한 빛의 LED를 사용하는 것은 어떨까. 에너지의 합리적인 소비와 도시의 아름다운 야간경관을 위하여 제안해 본다.

스마트 시티의 스마트 조명

스마트 라이팅Smart Lighting은 에너지를 효율적으로 사용하는 조명 시스템의 통칭이다. 센서와 조광 기능은 일찍이 빛의 합리적인 사용을 위해 적용되었던 기술 중의 하나인데 기기적 특성상 외부 조명기구에는 사용하기 어려웠다. 이제 LED의 출현으로 도입이 가능해져 안정적으로 사용 가능한 기술력과 경제적 효율성만 해결되기를 기다리고 있다.

스마트 라이팅은 밤새 사람과 차가 드물게 다니는 길을 환하게 밝힐 필요가 없다는 데에서 시작되었다. 이로운 시스템이었지만 문제는 방법과 비용이었다. 지금은 무선 네트워크 통제 시스템Wireless Network Control System이 가능해졌지만 과거 일일이 컨트롤러가 설치되고 전선으로 연결되어야 하는 시대에는 에너지를 효율적으로 사용한다는 이점만 가지고 2만 개가 넘는 가로등에 디밍Dimming을 설치하는 시도를 할 수 없었다.

기술도 초기 단계여서 도시 인프라인 공공 도로 조명에 적용하기에는 안정성도 의심되었을 것이다. 하지만 미래 조명을 위한 유일한 답이었고 투입되는 엄청난 예산만 해결되면 그 길로 가야 한다고 전문가들의 뜻이 모아졌다. 거기에는 에너지 절감뿐 아니라 제한된 인원으로 방대한 도시의 빛을 관리하는 어려움을 해결할 수 있다는 기대감이 깔려 있었을 것이다.

최근 도시재생과 더불어 화두에 오르고 있는 스마트 시티Smart City는 도시 운영 및 시민의 삶을 개선하는 데에 사물인터넷과 정보통신기술을 통합적으로 이용하고 있는데, 그 기술 중 일부가 스마트 라이팅이다. 스마트 라이팅은 광원이나 광량 혹은 빛의 질에 대한 이야기가 아니라 기술 융합에 대한 것이다.

예를 들어 런던의 한 스마트 시티는 중심부 2만8천 개의 가로등에 IoT 컨트롤 시스템을 두어 교통량이나 주차, 소음, 공기의 질에 대해 정보 수집을 한다. 이들을 'IoT Lights'라고 부른다. 즉 어디에나 서 있는 가로등주 혹은 조명기구를 네트워크의 교점Node으로 이용하여 도시 데이터를 수집하는 것이다. 스마트 라이팅 시스템은 가로등의 원격 운용 제어, 시간별 교통량에 따른 디밍, 각 조명기구별 운영상태 모니터링 등 유지 관리의 기회 및 비용을 줄이는 데에 기여했다. 이는 스마트 시티 이니셔티브인 암스테르담의 공공조명 시스템, 바르셀로나의 'New Bus Network', 'BCN Traffic Lights' 등 대부분의 나라에서 대동소이하다.

서울시 스마트 에너지 시범사업을 다룬 신문기사 중에 이런 내용이 있었다. 서대문구 통일로에 설치한 스마트 가로등은 심야 시간에도 차량의 도로 통행량이 많아 에너지 절약 효과가 크지 않았고, 전기료를 절감하려고 설치한 스마트 제어 장치 투자금을 회수하려면 108년이 걸린다고 한다. 또한 동대문구 장안벚꽃로에 설치한 스마트 가로등은 교통량에 따라 밝아졌다 어두워졌다 하는 통에 저층에 사는 아파트 주민들이 고통을 호소한다는 것이다.

스마트 라이팅 시스템은 빛의 과잉이 산재한 도심에는 맞지 않는 것일수도 있다. 주민들이 야간 산책을 하는 동네 뒷산, 빛이 공해가 되는 자연녹지, 사람 혹은 차들의 통행이 정기적으로 발생하는 지역에 필요한 시스템인지도 모르겠다. 에너지 절감보다는 사람의 안전과 빛공해 피해를 줄이기 위한 좋은 방법일 수도 있겠다는 생각이 든다. 도시인구의 팽창속도를 감안하면 에너지 효율을 높이기 위한 스마트한 실험은 계속되어야 한다. 좋은 기술을 적절한 곳에, 알맞은 때에 적용하는 의사결정 또한 스마트하게 이루어져야 할 것이다.

기능을 넘어선 가치

도시에서 보이는 모든 풍광을 뜻하는 '도시경관'은 산이나 강, 호수 등 '자연경관'과 건축물이나 다리, 광장, 공원, 도로와 같이 사람이 필요해서 만들어낸 '인공경관' 모두를 포함한다. 경관계획이나 경관법을 통하여 도시경관을 관리하는 것은 오랜 시간 축적되어온 도시 고유의 이미지 특성에, 토지 개발이나 인구 변화로 야기되는 인공적 경관요소를 조화롭고 아름답게 만들고자 하는 노력이다. 잘 관리된 도시경관은 시민들의 정서에 긍정적인 영향을 미치고 삶의 질을 높일 뿐 아니라 나아가 도시 고유의 정체성과 가치를 만든다.

도시경관 중 일몰 후 도시의 이미지를 '야간경관'이라고 한다. 환경부의 빛공해방지법에서는 거리나 공원 등 도시공간을 비추는 '공간조명'과 건축물이나 기타 조형요소, 경관요소를 비추는 '장식조명'으로 구분하여 가이드라인을 제공하고 있다.

야간경관 전문가로서 자문을 하다 보면 야간경관을 구성하는 조명요소들에 대하여 오해하고 있는 경우를 종종 접한다. 예를 들어 공원의 조명을 계획할 때, 폴Pole을 이용하여 산책로를 비추는 조명은 야간경관이라 생각하지 않고, 볼라드Bollard나 수목 등을 이용하여 산책로를 낮게 비추는 조명은 야간경관으로 간주한다. 또 아파트나 주상복합 같은 공동주택에서 건축물의 상부 혹은 입면을 비추는 조명도 야간경관으로 간주한다. 하지만 주 출입구, 파라펫 하부등 지층부, 차량이나 보행자의 진출입로, 주 보행로의 조명 등 안전을 위한 조명은 야간경관이 아니라는 판단으로 경관 심의에서 누락시키는 경우도 있다. 이유를 물어보면 그것은 일반적인 보행을 위한 설계이지 '경관'이라고 할 것은 못 된다는 것이다. 사람들이 야간경관은 '비용이 많이 든다'고 말하는 이유를 이해하게 되는 순간이다.

이렇게 도시의 빛요소를 야간경관과 일반 조명으로 나누어 생각하게 된 이유는 필수적으로 설계되었던 조명의 기능에 기반하여 야간경관이 시작되었기 때문이다. '경관'이라는 개념이 우리의 삶에 들어오기 이전부터 조명은 이미 안전한 밝기의 기능과 동시에 도시의 아름다운 모습을 드러내는 역할을 하고 있었다. 가로등은 일몰 후 도로 위에 수평적인 밝기를 제공했지만 높은 곳에 올라 내려다보는 전경에서는 도시의 이미지를 보여 주는 선적인 요소였다. 한강을 가로지르는 다리 위의 조명은 운전자가 안전하게 지날 수 있도록 바닥면뿐 아니라 구조체를 비추었는데 흐르는 강물 위에 그 이미지가 투영되어 아름다운 한강의 야경이 탄생했다. 도시의 밤이 만들어내는 이미지에 '야간경관'의 기능이 덧붙여져 특별한 가치가 되었다. 이것은 조명기술의 발달뿐 아니라 사회적·경제적 필요에 의한 것이었다.

시각적 경험을 통해 우리는 가장 많은 정보를 얻게 되며 그 정보의 질은 사고나 행동에 영향을 끼치게 된다. 조명은 심리나 행동에 영향을 줄 뿐만 아니라 환경의 가치를 발견하게 한다. 자신이 안전하다고 느끼는 환경에서 사람들은 정보에 더 많은 관심을 갖게 된다. 빛에 의해 도시구조가 눈에 보이도록 만들어지면 길 읽기가 편해지고 사람들은 반짝이는 빛에 흥미와 호감을 가지게 될 것이다. 적절한 빛의 대비와 조화가 도시를 아름답게 만든다. 야간경관은 일몰 후 더 잘 보이게 하려는 전통적인 조명의 기능을 넘어 사람들의 심리와 행동에 영향을 주는 요소로서의 빛을 다루는 개념인 것이다.

다시 한번 강조하건대, 도시의 모든 빛요소는 야간경관 범주에 포함되며 통합적으로 계획된 조명은 운용방식에 따라 다양한 이미지를 만들어 내고, 이렇게 세심하게 계획된 빛이 많아질수록 도시의 야경은 품위가 있게 된다. 이제 돈 많이 드는 야간경관이라는 오명을 벗겨주자. 내가 사는 데 필요한 모든 빛이 모여 야간경관이 되는 것이다.

조화로운 밝기 찾기

도시의 야간경관을 구성하는 빛요소는 크게 두 가지가 있다. 남산타워, 남대문과 같은 도시의 랜드마크가 되는 건축물이나 조형물에 설치하는 조명을 '장식조명'이라 하고, 도로나 보행로, 공원 등에 설치하는 조명을 '공간조명'이라고 한다. 아이러니한 것은 도시 야간경관 이미지를 만들어내는 강력한 요소는 공간조명인데 이에 대하여는 안전을 위한 조도, 균제도에 대한 기준이 전부다. 장식조명의 경우 조도, 휘도, 설치방법 등 꽤 다양한 기준과 가이드라인이 있는데도 말이다.

그 결과 우리는 가끔 공원에서 도로에서 본 듯한 가로등 미니어처를 만난다. 형태만 비호감이 아니라 칼같이 절단된 빛은 주위의 나무에 한 치의 밝음도 나누어 주지 않아 나무의 실루엣은 공포 그 자체가 되고 길에 쏟아진 밝기는 과해서 오히려 불편하다. 여러 겹의 조명기구 속에서 순간적으로 경험한 과한 밝기는 밝기 적응 시간을 놓쳐 멈칫하게 만들기도 하고, 적당히 어두워 숨을 수 있었던 공원 벤치는 무대처럼 밝혀져 앉아 있으면 민망해지기도 한다. 오히려 밝아져 드러난 자신에게 뜻하지 않는 위험이 생길까봐 두려움도 생긴다. 눈에 들어오는 모든 것이 더욱 선명해진 거리에서 사람들은 또 다른 방식으로 안전함을 느끼지 못하는 것이다. 모든 것이 드러나는 공원에서 우리는 원하든 원하지 않든 시각적 정보를 하나도 빠짐없이 봐야 하고 대신 어둠에 놓인 작은 풀들은 여간해서는 눈에 담기 어려워졌다.

한강시민공원에 가면 쉽게 이를 경험할 수 있다. 자전거길의 과한 밝음이 공원의 나무, 꽃들을 어둠으로 몰아넣는다. 야간에 운동기구를 사용하기 위해서 선글라스를 써야 할 판이다. 주변의 벤치로 돌아올 땐 어둠에 적응하기 위해 잠시 멈추어야 한다.

사회적 기능을 위한 조명 설치 기준은 권장 조도이다. 도로와 보행로, 자전거길, 공원의 산책로, 광장 등 각 공간별 권장 조도는 명확하다. 하지만 자전거길 옆 산책로의 밝기는 각각 어떻게 적용하는 것이 맞을지 조화로운 밝기를 찾는 일은 권장된 바가 없다. 경관조명에 있어서 우선적으로 검토하는 일은 주변의 빛환경이다. 그래서 주변과의 관계 속에서 계획을 시작하게 되는데 아주 가깝게 이웃하는 공간과의 조화를 간과하는 일들이 때때로 생긴다. 즉 밝기 기준에만 충실하게 맞춘 결과 안전하지 않은 환경을 만들게 된 것이다.

도시 야간경관을 위한 조명기구는 밝음을 제공하는 도구에서 나아가

한강시민공원 산책길(위)은 밤에도 매우 안전해 보이긴 하나 조명이 공간 특성을 고려하지 않고 설계되어 주변 환경과 조화롭지 못해 매력적인 경관이라고 하기에는 아쉽다. 반면 맨해튼의 하이라인 파크(아래)의 조도는 권장 조도에 부족할 수 있으나 사람들은 두려움을 느끼지 않고 주변의 아름다운 경관을 감상할 수 있다.

도시 생활에 필요한 정보를 전달하고 에너지를 공급하며 이정표의 역할을 하는 중요한 플랫폼이 되었다. 발달된 조명기술은 밝기나 선명함의 기준에 치우쳐서 보이는 것을 판단할 필요를 없애버렸다. 복잡해지고 다양해진 도시공간의 기능들에 적합한, 보다 합리적인 밝기 계획이 가능하도록 가이드라인 역시 진화할 필요가 있다.

일본의 소설가 다니자키 준이치는 그의 산문집 『그늘에 대하여』에서 양갱이는 어두운 공간에서 먹어야 한다고 이야기한다. 뿌옇고 흐린 표면의 색을 겨우 알아볼 정도의 어둠 속에서 양갱이를 먹어야 입에 넣었을 때 그 미끈한 촉감과 입속에서 녹는 달콤함이 맛에 색다른 깊이를 덧보탠다고 했다. 도시조명은 밝기, 권장 조도라는 틀에서 이젠 좀더 자유로워져야 한다.

'현란絢爛함'과 '현란眩亂함'

미국 라스베이거스는 밤이 화려한 도시로 유명하다. 직접 가서 경험한 사람도 많을 것이고 사진이나 영상을 통해 간접적으로 경험한 사람도 적지 않을 것이다. 미국의 경기 침체로 개발 혹은 건설 경기가 바닥을 칠 때도 뉴욕의 조명디자인 회사들은 라스베이거스의 프로젝트로 바쁜 시간을 보냈다. 가장 먼저 나오는 조명기술이 실물로 소개되어 사람들이 그것을 보러 가고, 여권의 잉크가 마르기도 전에 바로 또 새로운 조명기술을 이용한 볼거리가 등장해 난감해하곤 했다.

라스베이거스의 야경을 이야기할 때 '화려함'과 '현란함'이라는 수식어를 많이 사용한다. 사전적 정의에 의하면 '화려華麗하다'는 '환하게 빛나며 곱고 아름답다'이며 '현란絢爛하다'는 '눈이 부시도록 찬란하다'는 의미로, 공통적으로 어떤 모습에 대해 긍정적으로 설명하는 말이다. 반면

'현란眩亂함'이란 '현란絢爛함'과는 다른 의미로 '정신을 차리기 어려울 정도로 어수선하다'로 정의되어진다.

같은 글자 다른 뜻의 '현란함'의 차이는 볼 수 있음의 여부를 두고 가르는 듯하다. 환하게 빛나 곱고 아름다운 현란絢爛함은 바로볼 수 있어 아름답다고 이야기할 수 있는 반면, 현란眩亂함은 바로보기 힘들 정도의 과한 밝기와 눈부심을 동반하며 지나치게 많은 색의 혼합, 빠른 속도로 움직여 그 실체를 볼 수 없고 눈만 불편할 뿐이다.

라스베이거스의 밤이 현란絢爛하다고 말하는 것은 수많은 빛요소들이 밝기나 색 그리고 속도가 보기에 불편하지 않을 뿐더러 각각의 것들이 잘 드러나도록 주변 빛요소와의 간섭 관계를 고려하여 세심하게 계획되었기 때문이다.

얼마 전 빛공해 방지를 위한 조명기구 설치·관리 기준 개선방안에 대한 연구용역 자문회의가 열렸다. 환경부에서는 야간경관에 대한 설치·관리 기준을 정하여 빛공해 방지뿐 아니라 지속적인 운영과 유지 관리가 이루어지도록 하고 있다. 조명기구의 특성에 따른 설치·관리가 이루어지지 않을 경우 유입광이나 눈부심 등의 문제가 생기기도 하고 균제도가 낮아져 사고로 이어지기 때문이다.

LED를 사용하기 이전에는 광원이나 조명기구의 발전 속도가 그리 빠르지 않아 하나의 기준을 만들어 놓고 꽤 오랫동안 유지했다. 최근에는 기준이 1년 단위로 변할 정도로 조명기술의 변화가 빨라졌다. 다행히 상용화 이전에 허가가 필요하여 속도를 조금 늦춰 주고 있으며, 상용화가 이뤄지면 3년에 한 번씩 설치·관리하도록 기준의 적합성을 검토하고 있다.

이번 연구는 두 가지 타입의 '새로운 조명'을 다루고 있는데 하나는 말 그대로 효율이 좋아지고, 빛 방사 특성이 다양해진 '새로운 조명기구'이고, 다른 하나는 '현란한 조명'으로 주로 밝기 보완보다는 연출에 목적을 둔 조명기구에 대한 것이다. 최근 '현란한 조명'을 이용한 지자체의 야간 명소화 프로젝트가 다양하게 진행되면서 이것을 도시 브랜딩이나 관광상품을 통한 경제 활성화의 이름으로 미화한 채 바라보기만 할 수 없는 상황이 되어 가고 있다. 장소적 특성이나 기능과는 상관없이 빛 자체가 목적이 되어 과다하게 쓰인 장식적인 연출 조명, 예를 들면 고보나 프로젝션, 투명 디스플레이, LED 패널, 미디어 파사드 등과 더불어 광고조명도 그 대상이 되어 이에 대한 설치 기준과 관리 방안을 마련할 예정이라고 한다.

서울시는 진작부터 빛공해 관련 대책으로 다양한 빛요소에 대한 가이드라인을 두었다. 그 안에는 당연히 광고조명도 포함되어 있다. 뿐만 아니라 필요한 곳에는 옥외 광고물 자유지역, 관광특구 등의 이름을 부여해 화려함과 약간의 현란眩亂함이 필요한 장소의 역할을 하도록 배려해 두었다.

반면 빛요소의 양이나 질이 전혀 다른 전국을 대상으로 하는 환경부의 가이드라인은 우려되는 부분이 있다. '화려함과 현란絢爛함'은 정성적으로 공감대 형성이 가능할 수 있다. 하지만 '현란眩亂함'은 지역별로 빛환경에 따라 다르게 판단될 수 있기 때문에 가이드라인의 기준을 지키는 것이 무의미하거나 오히려 그 지역을 위하는 것이 아닐 수 있다. 현란絢爛한 경관을 형성하기 위한 좋은 제안들이 이러한 가이드라인에 묶여 그 지역적 특성을 담지 못하고 '어두침침한' 야간경관이 되지 않을까 걱정스럽다.

어떤 도시의 야간경관을 현란絢爛함 혹은 현란眩亂함으로 묘사할지는, 제도가 일률적으로 그어 놓은 선에 의해서가 아니라 도시의 빛환경적 특성을 이해하고 알아차리는 사람들의 눈에 의한 것이었으면 하는 바람이다.

파란빛은 귀신의 집,
붉은빛은 정육점?

작품 속에서 청색광을 자주 사용하는 조명예술가 얀 케르살레Yann Kersale는 주변과의 관계 속에서 색을 선택한다고 이야기한다. 그가 디자인한 남프랑스 마르세유 올드 포트는 청색광이 드리워진 바다와 구도심의 주황빛 나트륨등이 아름다운 대비를 이뤄 깊이와 신비함을 더한다.

건축가 에릭 셀머Erik Selmer는 노르웨이 자연사박물관의 고래 전시관을 청색광으로 채웠다. 그는 전시관을 청색으로 비추었을 때 낮은 조도가 형성되어 고래의 뼈를 관찰하기 좋은 조건이 형성된다는 것을 알았지만 이를 실현하기 위해 관계자들에게 많은 설명을 덧붙여야 했다. 결과적으로는 관람자들이 푸른 바다에 대한 상상력을 키울 수 있게 하여 좋은 평가를 받았다.

도시의 야간경관에 있어서 청색광 효과를 가장 강력하게 이끌어 낸

마르세유 올드 포트

프로젝트는 영국의 조명디자이너 스피어스Spears가 계획한 스코틀랜드 글래스고의 뷰캐넌 스트리트일 것이다. 그는 새로이 조성되는 도시공간이 일률적인 노란빛으로 채워져 하나의 덩어리로 보이는 것을 피하고자 청색광을 제안했다. 그가 제안한 청색은 스코틀랜드 국기의 상징이기도 했지만, 낮은 조도에서도 청색광 스펙트럼 속의 사물을 선명하게 인식하는 우리 눈의 특성을 이용한 것이다.

이미 많은 연구를 통하여 청색광이 사람에게 부정적인 영향을 미친다는 사실이 밝혀졌다. 뇌세포가 청색 파장에 가장 민감하여 잠들기 전 모바일 폰이나 모니터에서 나오는 청색광이 불면의 원인이 된다는 것이다. 하지만 현실적으로는 청색광이 독특하고 매력적인 도시 이미지를 만들거나 경계심을 증가시켜 사고를 예방하는 긍정적 효과를 내기도 한다. 많은 뇌과학자나 심리학자들이 빛의 밝기, 채도, 색조가 육체적·심리적으로 어떤 영향을 미치는지 연구를 하고 있다. 그들은 특정 색이 어떤 효과를 가져온다고 아직 단언하기 어렵다고 말한다.

청색광과는 반대로 치유에 사용되는 적색(혹은 황색)광은 청색광의 스펙트럼으로부터 가장 멀리 나타나며 우리의 생체 리듬에 영향을 줄 가능성이 가장 낮은 색조인데 멜라토닌의 분비를 증가시켜 밤에 수면을 취하는 데 도움을 준다. 야간근무자들의 공간에 적색 광원을 권하거나 불면증 환자들에게 적색광 치료Red Light Therpy를 하는 것은 이러한 특성을 이용한 것이다. 외국의 색채에 대한 자료를 보면 적색광을 로맨틱, 정열, 치유의 색으로 인식한다고 한다.

헬싱키의 자전거 및 보행자를 위한 터널의 파란색 조명은 주변의 어둠과 대비를 이루어 주목성을
높이고 범죄와 사고에 대한 경계심을 높이는 효과가 있다.

처음 서울로에 갤럭시 블루가 제안되었을 때 우리나라 사람들의 청색광에 대한 인식은 '죽음, 귀신, 음산함'이라며 정서적으로 맞지 않는다는 의견이 팽배했다. 서울시 야간경관 심의기구인 좋은빛위원회에서도 의견이 분분했다. 파란빛은 안 된다는 의견과 색에 대한 편견을 버리고 기획자가 의도한 대로 빛의 파편으로 가득한 도심 속에 상상의 갤럭시를 만들어야 한다는 의견이 있었다. 누구라도 지적하면 바로 조명의 색을 바꿀 수 있도록 RGBW 광원을 비겁하게 숨기고 지금의 갤럭시 블루는 자연스럽게 서울의 한복판에 들어와 있다.

2020년 여의도의 파크원이 그 모습을 드러냈을 때 건물 입면의 빨간색 기둥과 조명이 여러 사람의 입에 오르내렸다. 이 건물을 계획한 리차드 로저스Richard Rogers는 파리의 퐁피두센터, 런던의 밀레니엄 돔을 디자인한 세계적인 건축가다. 그는 건축 구조체가 기술적·시각적으로 중요한 역할을 수행하고 동시에 전체 디자인의 가장 기본적인 원리를 지배하게 하는 독특한 스타일을 추구한다. 퐁피두센터의 파랑, 빨강, 초록과 밀레니엄 돔의 노랑, 마드리드 공항의 노랑, 바르셀로나 라스 아레나의 빨강 등 건축의 주인공인 구조체는 원색으로 칠해져 강조되고 외부에 노출되어 도시에 활력을 준다. 파크원의 입면을 수직으로 지탱하는 빨간색 기둥은 도시의 에너지가 가득하기를 바라며 우리나라 전통의 오방색 중 선택된 색상이다. 해가 진 뒤에는 빨간색 조명을 입어 그 이미지를 이어 가고 있다.

빛의 색이 우리에게 어떤 영향을 미치는지에 대한 결론은 아직 단호하

여의도의 파크원

게 내리지 못하고 있다. 오히려 사람들의 생각과 편견이 모여 도시의 빛에 영향을 주고 있는 것이 아닌가 싶다. 서울로의 갤럭시 블루와 같이 서울에 처음 들어오는 낯선 색의 빛이 다를 뿐 틀린 것은 아니라는 생각으로 편견 없이 바라보았으면 하는 바람을 가져 본다.

밤이 가장 아름다운 도시는 어디일까

뜻밖의 긴 연휴에 지루한 일상에서 벗어날 계획을 세워 보기로 하고 가볼 만한 도시 탐색에 나섰다. 최근 도시별로 관광객을 머무르게 하기 위한 야간경관 사업이 활발하다는 뉴스를 접한 터라 야경 핫플레이스를 검색하다가 우연히 한국관광공사에서 출간한 『외국인도 홀딱 반한 지구촌 야간관광』이라는 책을 접했다.

세계 32개 도시에 주재하는 관광공사 직원들이 살면서 직접 경험한 생생한 도시의 밤 이미지와 그에 대한 생각이 소개되어 있었다. 그 도시 중 하나가 몽골이었다. 드넓은 몽골 초원 위 유목민의 전통 가옥인 게르에 묵으면서 쏟아져 내릴 듯한 별을 보고 있노라면 가슴 깊은 곳의 울림을 느낄 수 있다고 소개하고 있었다. 그리고 내 관심을 끌었던 또 하나의 도시는 다음과 같이 묘사되어 있는 인도네시아의 자카르타였다.

"어두운 밤을 꼭 무언가로 화려하게 채워야 아름다움을 느끼는 것은 아니다. 우리는 단순함과 절제미 속에서도 멋을 찾을 수 있다. 아름다움이란 여러 형태로 존재하고 다각도로 느낄 수 있는 속성을 가졌기 때문이다."

2020년 한국관광공사는 침체된 관광산업 회복을 위해 '야간관광 100선'을 발표했는데, 도시별로 선정된 장소를 대략적으로 나열해 보면 서울 반포한강공원, 부산 달맞이언덕 문탠로드, 송도 해상케이블카, 인천 송도 센트럴파크, 광주 국립아시아문화전당, 대전 대동하늘공원 등이다. 대도시를 벗어난 지역을 살펴보면 강원도 안목해변, 충청남도 궁남지, 경상남도 통영 밤바다 야경투어, 저도 콰이강의 다리 스카이워크 등이 선정 장소에 이름을 올렸는데 이들의 야경 이미지를 검색해 보면 흥미롭게도 서로 닮아 있어 어디가 어딘지 구별하기 힘들다. 대부분 물과 다리 혹은 공원의 나무들이 의미를 알 수 없는 색조명으로 비추어지고 있고, 랜드마크 건축물에는 장소와는 어울리지 않는 조명이 설치되어 있어 눈부심이 우려될 지경이다. 게다가 빛공해가 우려되는 자연경관에 빛방사라니…….

'야간관광 100선'의 선정 과정을 살펴보면 전국의 각 지방자치단체 및 전문가의 추천을 받았고, 교통정보 앱의 야간시간대 목적지 빅 데이터(281만 건)를 통해 데이터베이스를 수집한 후 이를 토대로 전문가 선정위원회에서 야간관광 매력도, 접근성, 치안·안전, 지역 기여도를 종합적으로 판단했다고 명시되어 있다.

위에 언급된 장소들이 가볼 만한 가치가 있다는 것에 의문을 갖는 것은 당연히 아니다. 야경을 만든다는 것은 나무 밑에 군데군데 조명기구를 두고 나무를 향해 빛을 쏘아 올리거나 알록달록한 전구를 달아 '예쁘게' 만드는 일 이상의 의미를 두어야 하는 일인 것이다. 강을 가로지르는 다리마다 사회적 기능 혹은 역사적인 의미가 다를 것이고, 그중에는 지역과 관련된 아름다운 이야기도 있을 법한데 명소로 지정되어 조명을 설치하게 되면 어김없이 화려함과 현란함의 아이콘이 되어버리고 만다. 국토의 70%가 산지인 우리나라에 몽골만큼 쏟아지는 별을 보며 눈물 흘릴 정도의 명소가 왜 없겠는가. 오랜 역사만큼 전국에는 문화재가 산재한데도 작은 호롱불 하나에 의지하여 고즈넉하게 옛 건물 사이를 걸으며 어두움의 미학을 느껴볼 만한 명소가 없다는 것이 안타까울 뿐이다.

야간 관광 명소를 만드는 사업은 반드시 인공조명을 설치하는 방법으로만 하는 것은 아니다. 어두워도 안전하게 걸을 수 있는 환경을 조성하거나 지정된 명소로 사람들이 자연스럽게 접근할 수 있도록 경관을 조성하는 것 모두 야간 관광 명소를 만드는 일인 것이다. 나아가 지정된 명소가 아닌 모두가 그 가치를 인정하는 명소가 되기 위해서는 장소의 이야기, 역사, 가치를 드러내고 강조하는 의미 있는 조명이 계획되어야 한다. 정부나 지자체 주도로 이러한 가치를 담는 것은 어려우며 지역 주민과 지자체의 적극적인 협력이 필수다.

조명의 언어

내가 사는 동네는 오래된 동네라서 가로등이나 보안등 시설에 그리 신경을 쓰지 않는지 해가 지면 꽤 어둡다. 게다가 가로수는 세월에 따라 무성해져 그렇지 않아도 뜨문뜨문 설치된 가로등을 가려버리기 일쑤다. 살기에 불편함은 없으나 경관조명 개념이 없던 때에 지어진 아파트라 건물 조명도 따로 없고 사람이 드나드는 입구에 침침한 조명 하나가 켜져 있는 게 전부다. 주변에 나무는 무성하나 요즘 짓는 공동주택처럼 나무를 멋지게 비추는 조명도 볼 수 없다.

그런데 얼마 전부터 낯선 빛이 여기저기 눈에 띄었다. 우리 아파트 건물 바로 앞에 못 보던 네모 조명이 하나 서 있어 살펴보니 건물별 번호 표시 사인이었다. 아파트 옆면에 커다랗게 쓰인 숫자가 밤에 잘 보이지 않을 뿐더러 잘 보인다고 해도 낯선 사람이 근처에 와서 확인하기는 어려운 일이다. 이곳에 20년 넘게 살았는데도 건물 배치가 늘 혼란스러웠는데 참 잘한 일이었다. 저녁이 되어 이 사인에 조명이 들어오면 별것 아니지만 훈훈함을 느끼게 된다. 머리를 들어 두리번거리지 않아도 되고, 밝게 빛나는 숫자가 청사초롱을 들고 마중나와 나를 환영하는 착각마저 든다.

도시 경쟁력을 이야기할 때 흔히 도시 방문객 숫자를 기준으로 삼는다. 경쟁력을 높이기 위해 그 사람들이 주로 어디를 가는지, 어떤 활동을 하는지 통계를 내고 신중하게 검토한다. 도시 경쟁력을 높이려면 사람들이 처음 방문하는 장소에서 낯설지 않은 느낌을 주는 것이 매우 중요하다. 어디로 움직일지를 고민하지 않아야 그 공간에서 편안함과 호의를 느끼기 때문이다. 백화점이나 호텔은 사람들이 그곳에 오래 머물게 하고 재방문율을 높이기 위해 공간이 쉽게 읽히도록 여러 장치를 마련해 놓고 있다.

도시의 주간 이미지는 여러 경로를 통해서 익숙해질 기회가 있지만 야간 이미지는 그렇지 않다. 도시마다 자랑하는 야간경관 이미지를 보면 선으로 보이는 도로, 점으로 보이는 번화가, 빌딩숲의 실내에서 나오는 조명 정도로 표현될 뿐이다. 그 안에 들어 있는 그 도시만의 독특한 이미지를 보여 주기는 쉽지 않다.

네덜란드의 에인트호번은 필립스 본사가 위치해 있는 것으로 유명하지만 산업구조의 변화로 사람들이 떠나고 경제적으로 어려운 상황에 처해 있었을 때, 도시조명 개선을 통해 지금의 도시 위상을 이루어냈다.

2004년경 에인트호번은 이미 도시조명계획과 더불어 공공조명 가이드라인을 마련했다. 공공 건축물과 공공 오픈 스페이스, 도로, 광고, 행사 및 축제로 나누고, 랜드마크 건축물을 기능별로 분류하여 상업 시설은 초록색, 업무 시설은 파란색, 문화예술 관련 시설은 분홍색 등으로 색 조명을 다르게 사용하여 도시 구조를 읽기 쉽게 계획했다. 또한 경제 활성화를 위해 일몰 후 사람들이 모여드는 상업지역의 공공 공간에는 작가와 협업하여 예술작품을 설치하고, 명소가 될 수 있도록 통합적인 야간경관을 계획했다. 도시의 야간경관에 있어서 조명에 의한 시각적 언어는 그 어떤 이정표보다 그 도시를 돌아보는 데 도움을 줄 뿐 아니라 긍정적인 가치를 부여한다.

도시를 둘러보면 수많은 요소들이 잠재적 조명기구의 역할을 하고 이들이 신호로써 말을 걸어오기도 한다. 공원의 파고라나 벤치, 가로의 펜스와 화분대, 교차로의 볼라드, 자전거 거치대, 휴지통 등에 빛을 더했을 때 밝기가 필요한 곳에서는 보안등의 역할을 한다. 좁은 골목길에서는 비록 기준 조도에는 미치지 못할지라도 안심하고 걸을 수 있는 거리가 된다.

광원의 크기가 작아지는 데 한계가 있고 그 수명도 현저히 짧았던 과거에는 불가능했으나 이제 광원이 작아지고 수명도 늘었을 뿐 아니라 조명이 소비하는 에너지가 과거와는 비교할 수 없을 정도로 줄었다. 이제는 보행등과 가로등에만 의지했던 공간 조명요소를 다양하게 고려하고 확장해야 한다. 물론 유지와 관리라는 엄청난 숙제를 해결해야겠지만 도시민의 정서 안정을 위한 비용이라 생각하면 되지 않을까. 그렇게 된다면 아직 도시 빛정책 속에 들어오지 않는 십자가나 독보적으로 높은 휘도값을 인정받고 있는 간판 역시 도시조명의 요소로 다루어져 밝기나 발광 방식의 기준을 다른 조명요소들과 조화가 이루어지도록 바꾸어야 할 것이다.

꿈틀대는 도시경관의 변화

택지 개발이 이루어지는 곳의 경관에 대한 사람들의 관심과 기대는 예전과 많이 다르다. 주거시설 외에 윤택한 정주 환경을 제공할 인프라 수준에 따라 지역 가치가 정해지기 때문일 것이다. 따라서 개발 사업자들은 도시개발 사업부지 조성계획에 인프라 시설물 가이드라인을 담고, 도시경관에 영향을 미친다고 판단되는 공공 시설물은 전문가의 의견을 들어 기능뿐만 아니라 도시경관적인 공공성과 조형성을 확보하고자 한다. 여기에서 다루는 공공 시설물은 생각보다 매우 다양하다. 통칭해서 도로 시설물이라고 하는 버스 정류장, 택시 승강장, 보호펜스, 중앙분리대, 자전거 보관대, 보도블록, 가로등, 볼라드, 휴지통, 맨홀 뚜껑, 안내사인, 그리고 방음벽과 옹벽도 심의 대상이다.

이미 아름다운 도시경관을 위하여 여러 시설물이 디자인되어 왔지만 이렇게 도로 시설물이 '안전' 이외의 개념을 고려하기 시작했다는 것은 매우 환영할 만한 일이다. 도시마다 공공디자인 가이드라인이 있지만 가로등에 갈매기나 감 혹은 도자기가 붙는 등 비슷한 모습을 보이는 것은 도시경관의 많은 부분을 차지하는 도로 시설물의 일률적인 디자인 정책 때문이다.

도시의 야간경관 역시 조명의 색온도나 도로면의 밝기가 크게 영향을 미친다. 하지만 안타깝게도 이들은 대부분 공공의 영역이다. 따라서 조형성이나 창의적인 디자인보다는 기능 위주의 일반적인 것이 설치된다. 정해진 예산과 기간 내에서 유지 관리 주체가 주가 되어 진행되는 프로젝트가 대부분이어서 다른 것을 하기가 매우 어려운 상황이다. 예를 들어 문화재의 고즈넉한 아름다움과 바로 옆에 위치한 매끈한 돌 건물과의 대비를 위해 주황에 가까운 따뜻한 색을 쓰는 것은 에너지 효율 위주의 정책 때문에 불가하다가 색온도 가이드라인을 변경하고 나서야 가능해졌다.

도로 조명은 사실상 일부 구간만 다르게 계획하기는 어렵다. 질주하는 차 안에서 잠시 동안의 시각적 변화는 운전자의 주의를 좋은 쪽으로든 나쁜 쪽으로든 다른 쪽으로 쏠리게 한다. 따라서 빛의 따뜻함과 차가움의 단위인 색온도와 밝기를 기존과 다르게 계획하는 것은 제법 광범위한 가로등 교체가 일어날 때만 가능한 일이다. 그런데도 색온도 가이드라인을 만들어 적용하도록 한 것은 대단한 변화다.

이제 가로등은 변화의 축이 될 것 같다. 분리되었던 도로 시설물인 신호등과 가로등이 하나로 통합되고 ICT 기술을 결합한 CCTV, 공공 와이파이, IoT 센서를 탑재한 스마트 폴로 변신할 것이다. 거리에 즐비하던 폴들은 반 이상 줄어들고 스마트한 폴로 교체될 것이다. 폴의 이미지는 지금의 것과 별반 다르지 않겠지만 여기에 추가될 전기차 충전 기능이나 드론 스테이션 등을 감안한다면 그 형태나 재질은 좀더 좋아질 것이라 예상된다.

시대의 변화와 기술의 발달로 일어나는 이러한 시도들이 도시경관뿐 아니라 우리의 삶마저 변하게 할 것이다. 모든 변화와 발전이 그러하였듯 더 편리해지고 더 빨라진 만큼 잃는 부분도 있다. 이러한 경관적 변화들이 바람직하게 자리잡을 수 있도록 우리 모두가 심의위원이 되어 관심을 가져야 한다. 우리는 모두 도시 생활 전문가이기 때문이다.

골목길 재생은 빛환경부터

오래된 도시에는 이리저리 발길 닿는 대로 만들어진 좁은 골목길이 있다. 전문가들의 계획으로 만들어진 곧고 넓은 길은 편의성에 기인한 것이다. 아주 오래전 송도 신도시의 경관 계획에 참여한 적이 있다. 외국의 도시계획 전문가가 한국 마을의 특징으로 구불구불한 골목길과 작고 낮은 단독주택이 모여 있는 모습을 이야기하면서 새로운 도시를 설계할 때 구도심과 조화롭게 하기 위해 일부 그런 요소를 꼭 반영해야 한다고 주장했다. 아이러니하게 한국 디자이너 측은 국제적인 위상의 신도시에 그런 요소보다는 새롭고 획기적이며, 반듯한 도로 주위에 알루미늄과 유리로 만들어진 세련된 고층아파트가 서 있는 모습을 기대했던 것 같다. 아니면 개발사업 원칙에 맞지 않는 비효율적인 토지 사용을 더 문제라고 생각했던 것일까.

요즘 도시의 이미지 변신을 위한 큰 주제는 '재생'이다. 무조건 부수고 다시 만들던 도시개발 사업들이 이제는 기존의 것들을 들여다보고, 신설보다 더 많은 예산이 필요하더라도 재생하여 새로운 기능을 더하는 방법을 택하고 있다. 2017년 4월말 서울시는 폭 12m 이하의 보행 중심 골목길과 그 주변의 낙후된 저층 주거지에 일, 삶, 놀이가 가능한 서울형 골목길 재생사업을 본격적으로 진행했다. 생활환경을 개선하고 역사적 가치가 있는 골목을 발굴하여 북촌 한옥마을과 같이 찾아가고 싶은 테마형 골목길로 재생한다는 취지 하에 노후 건축물 개선, 생활편의시설 설치, 커뮤니티 및 골목 자치 활성화 등을 핵심과제로 수립했다. 이와는 별개로 시 예산을 들여 도시관리과에서 추진하고 있는 경관 개선사업을 들여다보면 자치구별로 이미 이와 유사한 일을 계획하고 있다. 낙후된 지역을 개선하고 노후된 건축물 혹은 도로를 보수하고 주민 편의를 위한 시설물이나 장치를 마련하고, 미관 개선을 위한 페인트칠이나 플랜트 박스와 같은 계획도 빼놓지 않고 있다.

그러나 막상 현장에 나가보면 가장 열악한 부분은 야간 환경인 곳이 대부분이다. 오래된 골목길의 조명기구는 노후되었는데, 가장 경제적으로 여유 있어 보이는 장소에는 좋은 조명기구가 설치되어 있어 기분이 씁쓸할 때도 있다. 좁은 길일수록 사정은 더욱 열악하다. 먼지가 뽀얗게 쌓이고 벌레가 달라붙어 제대로 밝기를 못 내는 조명기구, 혹은 너무 밝아 빛이 주변 집들의 창문으로 새어 들어가 밤새 잠을 못들게 할 것 같은 곳도 많다. 좋은빛위원회에서 그렇게 많은 심의를 하는데도 골목길의 조명은 여전히 '좋은 빛'이 되지 못하고 있는 것이다. 골목길의 노후된 건축물을 개선하여 찾아가고 싶은 테마형 골목길을 만들겠다는 서울시 사업은 누구를 위한 것인지 궁금하다. 그 골목길을 매일 밤 두려운 마음으로 귀가해야 하는 주거민들에게 부녀 안심벨이 얼마나 많은 역할을 할 수 있을지 의문이다.

우선으로 개선되어야 하는 것은 밤거리다. 적정한 밝기를 만들어 바닥의 높이 차이나 패임, 장애물을 식별할 수 있어야 하고 골목길 어느 구석도 어둡지 않고 고르게 밝아야 한다. 주변 주거지로 빛이 침입하지 않

열악한 골목길의 야간 환경

도록 낮은 키의 보안등과 높이에 맞는 적정한 광량을 내는 광원에 대한 기준도 마련해야 한다. 좁은 골목길에 폴이나 전봇대가 방해물이 되지 않도록 담벼락을 내어 주는 마음도 공유되어야 한다. 노후된 담벼락도 개선하고 작은 공간이나마 꽃밭도 만들고 낮은 의자로 쉼터도 만들어 소소한 행복의 향기가 느껴지도록 해야 할 것이다.

여러 해 전 경리단길 관광 명소화 사업으로 보안등 개선사업을 심의했던 일이 떠오른다. 경리단길은 서울에서 처음으로 지역 이름으로 명소화된 곳이다. 좁고 낙후된 골목길에 특색 있는 카페, 음식점들이 들어와 관광지가 되었다. 주로 사람들이 밤에 오는데 낡은 조명기구가 거슬렸는지 자치구청에서 야간경관 사업을 하겠다며 보안등 교체 건으로 심의를 신청했다. "경리단길만이 가지고 있는 특별한 이야기가 녹아 있을 법한, 시간이 입혀진 특별한 조명기구를 써라. 가로등을 줄여 놓은, 어느 동네에나 있는 하얀색을 넘어선 파란색 조명이 아니어야 한다"는 심의안이 어떻게 반영되었는지 경리단길에 가면 확인하기 바란다. 차라리 아직 교체되지 못한 희미한 나트륨등이 더 낫지 않나 싶은 건 나만의 생각이 아닐 것이다.

빛공해로 파괴되는 생태계

플로리다의 바다거북은 산란기에 해변의 모래밭으로 올라와 알을 낳고 부화한 아기 거북이들은 달빛을 따라 바다로 돌아간다. 하지만 해변가에 집이 들어서고 도로가 나면서 생긴 가로등 불빛 때문에 바다거북이 바다로 돌아가지 못하고 해변을 헤매다 결국 죽음에 이르는 상황이 생겼다. 이에 주민들은 매년 부화 시기가 되면 플로리다 해변의 도로 가로등을 소등하여 바다거북의 귀향을 돕기로 했다. 자연과 인간의 아름다운 동행이다.

그러다 얼마 전 이 플로리다 바다거북에 대한 뉴스를 다시 접하게 되었다. 이들이 그 후로 행복하게 잘 사는 줄 알았는데 지구 온난화로 수년간 부화한 바다거북이 모두 암컷이란다. 수정 시기에 암수가 정해지는 다른 포유류와는 달리 바다거북은 부화하는 환경에 따라 암수가 정해

플로리다 해안 도로에는 바다거북의 부화 시기에
가로등을 소등한다는 도로표지판이 있다.

지는 특성을 가지고 있는데, 지구 온난화로 해변 모래의 온도가 올라가 몇 년째 암컷만 태어나고 있다는 것이다. 환경단체는 이러한 현상이 성비 불균형에 영향을 미치고 결국 개체수 감소로 이어지게 될 것이라고 경고했다. 바다거북은 과거와 또 다른 이유로 생명을 위협받고 있었다.

빛공해가 자연 생태계에 미치는 영향은 직접적이고 치명적이다. 동물의 번식 능력의 저하로 개체수가 감소하고, 조류는 시각적 오류로 충돌이 빈번해 캐나다에서는 주정부 주도하에 새들이 이동하는 시기에 건물의 조명을 소등하는 캠페인을 시행하고 있다. 우리나라에서도 2022년 5월 조류충돌방지법이 국회 본회의에서 통과되었다.

2013년 국내에도 빛공해방지법이 생겨 무분별한 빛에 대한 규제가 생기면서 많은 성과가 있었다. 도시에서는 골목길을 비추는 불빛이 저층 주택의 방 안으로 들어오는 일이 없어졌다. 도로 옆의 논밭에 불빛이 영향을 미치지 못하도록 가로등에 차광판이 설치되었다. 밤새 반짝이던 숙박시설의 현란한 조명도 지자체별로 정해진 시간이 되면 꺼진다. 작물 생육에 중요한 기간, 어류나 곤충의 산란기간에는 소등한다는 현수막도 가끔씩 접할 수 있다.

그런데도 여전히 우리 생활 속에 빛이 늘어나고 있는 것은 인공조명의 피해보다는 혜택이 더 많기 때문일 것이다. 이미 우리 삶은 낮보다 밤이 더 중요해졌고, 도시인들은 일몰 후 어떤 인프라를 갖추고, 어떤 경험을 할 수 있는가에 의해 삶의 질이 달라지는 시대에 살고 있다. 한편에서는 불필요한 빛요소를 빛공해 방지라는 이유로 제한하고, 다른 한편에서는 도시 브랜딩 혹은 관광 활성화로 얻는 경제적 이득을 위해 과다한 빛을 계획하고 있는 상황은 앞으로도 계속될 것 같다.

야간경관을 위한 빛계획은 자연과 사람이 공존하기 위한 접점을 찾는 과정이다. 안전과 보안을 위한 최소한의 밝기와 생태계가 허용하는 최대의 밝기, 혹은 매력적인 야간경관을 만들어내되 생태계에는 영향을 미치지 않는 방법을 찾는 노력이 필요하다.

오랜만에 바다거북의 소식을 들으니 반갑기도 하고 걱정도 된다. 바다거북 말고도 우리가 살펴야 할 자연을 위해 어떤 노력을 해야 할지 또 하나의 숙제가 늘었다.

매의 눈으로 빛을 감독하라

서울시의 야간경관이 매우 많은 법과 가이드라인에 의해 체계적으로 관리되고 있다는 사실을 대부분의 사람들은 모르고 있을 것이다. 환경부에서 정한 '인공조명에 의한 빛공해 방지법'과 서울시의 '빛공해 방지 및 좋은빛 형성 관리조례 시행규칙'은 도시를 구성하는 어느 시설에나 적용되는 법규다. 이외에 KS에서 정한 밝기 기준, 문화재 조명기구 설치기준, 에너지 관리 기준 등 수많은 법적 기준에 맞게 설치되고 운용 관리되고 있다. 짐작건대 야간관광이나 행사 관련업계에서 콘텐츠를 기획하는 사람들이 이렇게 많은 법규를 모두 다 알고 있지는 않을 것이다.

야간경관계획 프로젝트를 시작할 때 우선적으로 하는 일이 관련 법규 검토다. 환경부에서 고시한 빛공해방지법에는 공원등, 보안등과 같은 공간조명과 건물이나 교량의 조명과 같은 장식조명에 대한 조명계획수립

기준이 명시되어 있고, 공간별 권장 조도는 KS 기준을 따른다. 이는 전국 어디에서나 지켜야 하는 기초법규이고 지자체별로 지역 특성을 반영한 가이드라인이 있다. 밤거리가 밝은 서울시의 경우 선도적으로 조명환경 관리구역을 나누고 구역별 조도, 휘도 기준 및 상향광 등급 기준이 정해져 있을 뿐 아니라 다양한 지역의 모습에 맞게 색온도 기준까지도 수립되어 있다. 요즘 조명산업의 가장 큰 이슈메이커인 미디어 파사드 가이드라인, 옥외 광고물의 빛방사 허용 기준도 이미 다 만들어져 손전등 하나도 함부로 켤 수 없을 정도의 장치가 마련되어 있는 것이다.

다른 어떤 법규나 정책보다도 빛에 대한 기준을 만들고 지키는 것은 매우 어려운 일이다. 첫 번째 이유는 기술의 발전과 더불어 유기적인 도시의 모습을 반영해야 하기 때문이고, 두 번째 이유는 기존에 설치된 조명도 또 하나의 유기체적 특징을 갖기 때문이다.

서울시는 야간경관계획 가이드라인 수립 후 3년마다 환경영향평가를 실시해 그 추이를 살펴보고 있다. 그간 열심히 통제하고 관리한 덕인지 공간조명, 장식조명에 의한 빛공해 민원은 상당히 감소한 것으로 파악되었다. 특히 골목길 보안등이 사방으로 주황빛이 퍼지는 기존 조명기구에서 하얀빛을 내는 모자를 쓴 형태의 등기구인 컷오프형으로 교체되면서 창을 통해 빛이 침입해 들어오거나 창밖의 출처를 알 수 없는 빛무리에 의한 피해가 줄어든 것이다.

2017년 이뤄진 조사에서 흥미로웠던 것은 사람들이 과한 밝기의 간판과 종교 표식의 조명에 대해 불편을 표시하는 숫자가 크게 늘었다는 점이다. 국제무대에서 활발하게 활동하고 있는 홍콩의 건축가 아론 탄 Aaron Tan은 2011년 한 매체의 인터뷰를 통해 서울의 야경 속에 빛나는 십자가에 대해 비평한 바 있다. 또 영화 〈도쿄 택시〉에서도 서울에 온 일본인들이 서울의 야경을 보며 "왜 이리 도심에 무덤이 많지?"라는 대사를 한다. 2011년 빛공해방지법 제정 당시 교회 십자가에 대한 논의가 없었던 것은 아니다. 여러 가지 이유로 결국 제외되었지만 여전히 빛공해 민원의 주범인 것은 사실이다. 주민들의 삶의 질을 위한 사회규제가 많지 않은 중국에서도 2015년 십자가의 크기나 설치 위치에 대한 조례 제정을 시도했다는 것은-제정되어 시행되고 있는지에 대하여는 확실하지 않다-주의 깊게 생각해 볼 만한 부분이다.

옥외 광고물의 밝기 기준은 빛공해방지법에 명시되어 있으나 광고의 특성상 옆집보다 눈에 띄기 위해 조금씩 밝아지기 마련이다. 더군다나 디지털 광고가 점점 많아지고 있어 '빛공해 시한폭탄'이라고까지 말할 수 있겠다. 전광판의 과한 밝기도 피해를 주고 있으나 아직은 들이댈 '자'가 마련되어 있지 않다. 수천 개의 크고 작은 광고물에 '자'를 들이대어 강제할 수 있을지도 의문이다. 선진국 거리의 가지런히 조화를 이루는 간판들은 시민단체의 강력한 통제의 결과라는 말이 부러울 따름이다.

다양한 아름다움을 가진 서울의 밤은 아름답다. 고층 건물, 대로변의 밝음, 산과 고궁, 골목길에 남겨진 어둠도 아름답다. 아름다운 야경을 즐기고 우리의 삶 속에서 좋은 빛을 누리기 위해 우리가 애써야 할 부분은 법규나 가이드라인을 심화하고 발전시키는 일이 아니라 개개인이 의견을 내고 행동하는 일일지도 모른다. 내가 다니는 길이 적정한 조도로 빛계획이 되었는지, 지나치게 밝아 눈부심이나 주변을 상대적으로 어둡게 만들지는 않는지 감독하여 의견을 지자체에 내야 한다. 밝음이나 어둠으로 불편하거나 다치는 사례가 많은데도 사람들은 개선해달라는 요구를 소홀히 한다. 발광 광고물로 가득한 건축물의 입면이 내가 사는 도시의 품격을 떨어뜨리면 광고물 관리를 요구하는 목소리를 내야 한다. 도시공간에 대한 권리를 가진 시민들의 의견과 행동은 지자체의 공무원이나 조명 전문가들보다 훨씬 강력한 힘을 가지고 있다.

하나가 될 수 없는 미디어 파사드와 전광판

"1층에 미디어 파사드를 설치해서 가끔 회사 홍보도 하고, 좋은 영상 작품도 보여 주고 싶은데 구청에서 설치 허가를 안 해준다네요?"

얼마 전 지인이 전화를 걸어 물어 온 내용이다. 내가 조명과 관련된 일을 하며 서울시와 회의가 있다고 모임에서 서둘러 일어났던 것을 기억한 모양이다.

"네. 설치 못하십니다."

"왜요? 건물 안에 설치할 것이고, 국내에서 보기 힘든 유명 작가들 영상작품만 틀려고 하는데 뭐가 문제인가요?"

내 건물에, 내 돈으로, 어마어마하게 큰 텔레비전을 사서 놓는데, 하필 위치가 거리 쪽에서 보이는 것뿐인데 왜 안 되는지 이해가 안 될 수도 있겠지만 설치를 못 하는 이유는 간단하다. 법적으로 불가하기 때문이다.

우선 "작가의 영상작품을 보여주는" 것은 미디어 파사드다. 하지만 미디어 파사드를 설치할 수 있는 장소는 주변에 빛이 많은 상업지역이어야 하며, 대로변에 위치하여 영상을 볼 수 있는 거리가 확보되어야 한다. 반면 "가끔 회사 홍보도 하는" 전광판은 4층 높이 이상에 설치해야 하고며 법적 허가를 받아야 가능하다. 따라서 이 두 가지 목적을 위한 거대한 모니터는 같은 듯 보이나 엄연히 다르며 관리·감독하는 주체와 따라야 하는 법도 다르다. 따라서 현재의 법체계에서는 하나를 설치하여 두 기능을 하도록 하는 것은 어렵다. 좀더 자세히 설명하면 설치 가능한 위치, 미디어 매체의 크기, 밝기, 송출 가능한 시간, 내용 등 모두 다른 것이다.

이 두 가지 매체는 오묘하게 장단점을 나누고 있다. 디지털 광고판은 미디어 파사드보다 밝기 기준이 높고 항상 영상을 표출할 수 있다. 광고 콘텐츠 내용도 미풍양속을 해치지 않는다면 제약이 없다. 일단 법적 기준에 맞게 설치만 하면 어떤 광고를 내보내도 법적으로는 문제가 없다. 광고 콘텐츠에 대한 심의는 없기 때문이다.

미디어 파사드는 크기에 제한이 없다. 크기로 기네스 세계 기록에 오른 서울스퀘어의 초대형 미디어 파사드는 가로 길이가 100m에 달한다. 다만 영상을 감상할 수 있는 전면 공간이 확보되어야 하기 때문에 25m 이상의 도로에 접한 건축물에만 설치가 가능하도록 제한을 두고 있다. 디지털 광고판이 4층 이상 건물의 옥상에만 설치가 가능한 조건과 달리 설치 높이에 대한 기준도 없다. 그 이유는 밝기(수직면 휘도) 기준이 광고보

국내 최초로 미디어 파사드를 설치한 서울스퀘어는 주변 빛환경과의 부조화, 빛공해 그리고 전광판으로의 오용 등 수많은 우려를 낳았으나 특징없는 성냥갑 건축물에 빛예술을 입혀 서울의 상징이 된 사례로 남았다.

다 훨씬 낮기 때문에 밤에 운전자의 시야를 방해하지 않을 것이라는 이유 때문이다.

미디어 파사드의 최대 약점은 영상을 보여 줄 수 있는 시간이 제한되어 있다는 것과 콘텐츠 심의를 받아야 한다는 것이다. 콘텐츠는 공공성과 작품성이 있어야 한다. 미디어 파사드 콘텐츠 심의를 하다 보면 공공기관에서 주관하는 행사 홍보나 공익광고와 같은 내용이 들어오는데, 이 역시 현재의 법에서는 광고로 간주되어 불가하다.

몇 년 전 모 이동통신기기 회사에서 제품 출시 홍보를 위한 영상을 건축물 입면에 프로젝션하겠다고 계획하여 심의를 진행한 일이 있었다. 상시 운영이 아닌 일주일 간 임시 운영이었고 콘텐츠 역시 작품성이 매우 뛰어난 영상으로 단 한 장면도 이동통신기기나 그와 유사한 어떤 것도 등장하지 않았다. 가장 마지막 장면에서 작게 회사 로고가 뜨는 것이 전부였는데 이에 대해서 의견이 분분했다. "영상 송출이 관광효과까지 이끌어 낼 만큼 기발하고 창의적이다. 허가하자"라는 의견과 "공정성에서 벗어난다. 무엇을 홍보하고자 하는지 알 수 없을 정도로 모호해도 어찌되었건 상호가 표출되는 것은 광고"라는 의견이 오갔다. 결국 홍보 영상은 허가받지 못했고, 그때 당시로서는 신기술을 접할 수 있었던 영상쇼를 놓쳐 안타까웠다. 우리가 공들여 규정한 것들이 과연 모두 우리를 이롭게 하고 있는 건지 의문스러웠다.

디스플레이 기술이 발전하여 텔레비전 수준의 디지털 광고판이 등장했다. 표출되는 광고 콘텐츠도 상업광고인지 작품인지 헷갈릴 정도의 수준이다. 관광특구, 옥외 광고물 자유지역 등 제도에서 허락한 자유 영상 표출 지역이 점점 늘어가며 또 하나의 경제적인 불균형이 이루어지는 것 같아 걱정이다. IoT와 5G 기술은 도시의 외적인 모습뿐 아니라 사람들의 경험의 질과 양까지 다르게 하고 있는데 언제까지 미디어 파사드와 디지털 광고판을 양분하고 규제하여 관리해 나갈 수 있을까. 미디어 파사드는 문화예술적 경관자원이 될 것으로 기대하며 적극 권장되기도 하고, 빛공해의 주범이 되어 규제의 주인공 노릇도 하고 있다. 일각에서는 미디어 파사드와 디지털 광고판의 경계를 없애야 한다고 이야기한다. 구현하는 기술이 동일한데 콘텐츠로 발목을 잡는 것은 불합리하다고 할 수 있다. 이는 미디어 파사드와 디지털 광고판을 영상 콘텐츠 표출의 도구로만 보았을 때 가능한 일이다.

여기에서 간과한 중요한 것이 이들의 속성이다. 미디어 파사드는 건축물에 속한 요소로 입면과 일체되어 영상 표출이 가능하다. 즉 영상이 나오든 안 나오든 미디어 파사드는 하나의 건축물을 조형적으로 완전하게 하는 데 없어서는 안 되는 요소이나 디지털 광고판은 그렇지 않다. 미디어 파사드와 디지털 광고판은 같은 일을 하고 있어도 그 태생은 다른 것이다.

우리 동네 야간 명소,
오늘도 켜져 있습니까

빛계획은 '사람마다 다르게 볼 수 있다'는 전제에서 시작한다. '다르게 보다'를 쪼개보면 '보다Vision'와 '지각하다Visual Perception', 두 개의 과정을 포함한다. 빛의 고전적 역할은 '보다'에 무게를 실어 '지각하다'가 성공적으로 이루어질 수 있게 하는 것이었다. 이 때문에 '더 밝은 광원, 더 오래 유지하는 광원'이 발명되었고 이것이 상용화되어 해가 진 뒤에도 책을 볼 수 있고, 밤거리도 혼자 다닐 수 있게 되었다.

이 시대 빛의 역할은 '보다'와 '지각하다'에 적극적으로 관여하여 '(좋은 방향으로) 기억하다'로 확대되었다. 밝기를 통해 사물이나 풍경을 드러내어 무엇인지를 판단하도록 하거나 드러난 사물이나 풍경을 지각하는 방향을 설정해 주기도 한다. 더 나아가 색이나 질감, 점멸을 통해 특징을 강조하거나 기억해야 하는 것을 더 강조하는 역할을 하기도 한다.

이는 밝기와 수명, 효율과 같은 고전적인 광원의 특성 이상의 것이 가능해진 결과이다. 닭과 달걀의 논리처럼 색의 구현이나 제어 기술의 발전으로 조명의 역할이 확대되면서 이루어진 것인지 아니면 그러한 기술의 발전으로 우리가 더 확대된 조명의 기능을 요구했는지는 알 수 없다. 여하튼 우리는 조명의 더 큰 혜택 안에서 살고 있는 것은 분명하다. 이는 조명디자이너로서 대단히 좋은 일이나, 아쉬운 건 시간이 쌓이고 야간경관에 대한 인식과 혜택이 아무리 확장되어도 대부분의 야간경관 프로젝트에서 공통적인 질문이 계속된다는 것이다.

첫 번째는 '사람이 배려되었는가'이다. 설치된 조명의 빛으로 피해를 보는 사람은 없는지 고려하는 프로젝트가 많지 않다. 특히 요새 갑자기 많아지고 있는 미디어 파사드 프로젝트의 경우는 거의 대부분이 영상을 표출시킬 수 있는 건축 입면만 있으면 한 번쯤은 시도해 본다.

나는 질문한다.

"누가, 어디에서 영상을 보나요?"

"영상 표출이 안 되는 시간에는 어떤 이미지인가요?"

"영상 표출을 위해 설치하는 기기가 낮에는 어떻게 보일까요?"

프로젝트가 완성되었다는 소식을 듣고 가보니 거대한 조형물을 정성껏 만들어 기기를 넣어두었다. 그로 인해 미디어 파사드를 감상할 만한 공간이 좁아졌고, 미디어 파사드를 제대로 즐길 만한 자리는 '길 건너 건물 4층 사무실'이 되어버렸다.

두 번째는 '유지 관리에 대한 충분한 검토가 이루어졌는가'이다. 야간경관은 빛축제와 같이 일시적으로 발생하고 없어지는 것이 아니라 지속되는 경관이어야 한다. 인공 광원은 에너지와 보수가 필요하고 수명은 유한하다. 이는 지속적인 전문 인력과 비용이 필요하다는 것을 의미한다. 여기에 미디어 파사드는 표출되는 콘텐츠 비용이 추가된다. 고전적인 조명방식에는 유지 관리나 에너지에 드는 비용이 어느 정도 반영된 경우가 있는데 미디어 파사드의 경우에는 그렇지도 않다.

나는 질문한다.

"이 야간경관을 유지하기 위한 운영 인력은 있나요?"

"보수나 부품 교체에 대한 비용은 책정되었나요?"

"관리 계획에 대한 내용은 어떻게 되나요?"

지금도 야간경관을 위한 조명 공사는 전국 곳곳에서 진행되고 있다. 관계자라면 위의 질문을 체크해 볼 것을 권한다. 그 지역 주민이라면 아름다운 야간경관이 있는 지역에 살고 있다는 자부심을 갖고 주변 사람들에게 보러 오라고 자랑도 하라. 그리고 잊지 말고 그것이 계속 유지되는지 지켜 보길 바란다. 슬그머니 없어져 버릴지도 모르는 내 재산이니까.

2
서울의 밤

노들섬의 딜레마

노들섬은 재미난 역사를 가지고 있다. 본래 섬이 아니었던 노들섬은 이촌동 쪽에서 이어진 작은 모래언덕이었는데 한강이 개발되면서 섬이 되었다. 한강의 중심에 위치한 이 섬을 개발하려는 노력은 서울시장이 바뀔 때마다 계속되었던 것 같다. 유람선 선착장에 호텔, 공원 등 무수한 시설을 건립하려는 시도가 있었고, 이명박 시장과 오세훈 시장을 거치면서 문화예술공간 조성을 추진하다가 2015년 여름, 박원순 시장이 노들섬의 용도, 시설, 그리고 운영계획을 시민공모로 결정하겠다고 했다.

2016년 겨울이 되어서야 '땅을 재구성한 노들마을'이라는 콘셉트로 실내외 공연장, 상점가, 카페 등 다양한 시설이 산책로와 골목길로 연결되는 계획이 결정되었다. 공연장을 제외한 대부분의 건물을 확장 가능한 모듈형 건물로 지어 프로그램에 따라 이용자가 공간을 완성해 나갈 수 있도록 조성했다.

2019년 9월 29일, 오랜 기다림 끝에 노들섬이 개장했으나 사람들은 기대한 만큼 실망도 크다는 눈치였다. 6천 억짜리 오페라하우스를 포기한 대가는 참으로 컸다. 오페라하우스를 포기한 이유는 막대한 예산과 환경파괴 논란 때문이었다. 사람들이 접근하기 녹록지 않은 섬에 문화공간을 짓기 위해 천문학적인 예산 투입을 원하지 않았던 것이다. 또한 개발로 몸살을 앓고 있는 한강에 비해 여전히 수변 생태계를 유지하고 있는 노들섬은 서울에 몇 안 되는 자연환경으로, 멸종 위기의 맹꽁이 서식지이며 비오톱 1등급 구간이기도 하다.

그런 노들섬의 야간환경은 어떨까? 주변 아파트의 불빛, 올림픽대로와 강변북로의 가로등, 그리고 한강대교의 경관조명이 검은 한강에 투영되어 화려함을 더할 때 노들섬은 여전히 깜깜한 섬으로 강의 일부인 듯 자리하고 있었다. 노들섬 조명계획을 하면서 여기에 조명을 하는 것이 맞는지 아닌지 고민했다. 맹꽁이와 비오톱 1등급 구간이라는 명제와 사람들이 밤새도록 돌아다닐 수 있는 도심 공원이라는 명제가 동시에 하나의 테이블에 놓였다. 서울식물원의 조명계획 때와는 또 다른 딜레마였다.

서울식물원은 주변이 아파트여서 저녁에는 주민들이 산책하고, 주말에는 가족들이 나들이 하는 공간이나, 노들섬은 음악을 매개로 한 복합문화기지로 표방하고 있고 대중음악을 위한 공연장이 있어 예술을 즐기려는 사람들이 모여들어 밤새도록 머문다고 해도 이상할 게 없는 공원이다.

이렇게 도심 속의 공원 프로젝트를 할 때마다 환경 보전과 사람의 안전이라는 딜레마에 빠진다. 자연 보호를 위해서 조명은 극히 제한적으로 사용되어야 하고, 사람의 안전을 위해서는 적정한 밝기와 균일한 빛이 제공되어야 한다. 즉 완전히 반대의 계획이 필요한 것이다. 광장이나 산책로, 그리고 다리와 같은 공간은 사람 위주로 계획하게 되는데 노들섬의 경우에는 맹꽁이나 비오톱 식생, 그리고 수중 생태계를 신경 써야 하는 것이다.

결국 최소한의 빛을 제공하고, 그마저 필요한 곳에 가두어 주변 환경에 영향을 미치지 않도록 계획하여 공연이 없는 날에는 어둠에 남겨진 섬의 모습을 유지하도록 제안했다. 빛을 필요한 곳에만 비추게 하고 다른 곳으로 퍼져 나가게 하지 않도록 가두는 일은 매우 세심한 계획이 필요하지만 실행 단계에서 계획한 대로 따라 주어야 하는 더 큰 어려움을 안고 있다.

지하에 배치된 상업공간은 풍부한 인공조명을 두어 바깥과는 매우 대조적인 빛환경을 제공한다. 자율적으로 상점을 열고 닫을 수 있도록 배려한 계획이다. 공연이 있는 날, 노들섬은 해진 뒤에야 비로소 그 모습을 드러낸다. 공연장 전체가 빛으로 된 박스가 되어 거대한 광원이 되며, 공연장 앞 광장도 공연 관람객을 위한 밝기를 제공하도록 계획되어 있다.

조명계획자는 서울시민들이 노들섬을 숨겨둔 보석상자로 생각하길 바라며 설계에 공을 들였는데 과연 어떻게 실현될지 불안하고 궁금했다.

노들섬 야경. 다목적홀과 라이브하우스 외벽의 조명이 들어오면 내부에 행사가 있음을 의미한다.
그렇지 않은 때에는 소등하여 노들섬은 아름답게 어두운 도심의 휴식처가 된다.

설계자의 손을 떠난 실행의 결과는 언제나 뜻밖이기 때문이다.

설계도가 현실이 되기까지 예상했던 대로 여러 난관을 극복해야 했다. 당초 복합문화공간 노들섬의 콘셉트 자체가 완성물을 한 번에 만드는 것이 아니라 시민들과 만들어가는 과정을 공유하는 것이어서 예산이 넉넉지 않았다. 서울시에서 예산 절감을 위해 디자인 수정을 요구했는데 조명을 줄이는 일은 안전을 담보하지 않으면 안 된다. 강력한 버팀 속에서 서울시는 섬 둘레를 컬러풀하게 비추는 조명을 반으로 줄이자는 의견을 내었고, 계획된 조명요소 중 안전의 기능을 하지 않는 유일한 빛 요소였기 때문에 동의했다.

결과는 참혹했다. 어두운 한강과 이빠진 듯 설치된 조명기구는 조화롭지 못했고 조명기구의 수량을 줄이면서 보완책으로 광량을 늘였는지 부조화가 더욱 눈에 띄었다. 당초 작고 은은하게 빛나는 보석함 같았던 섬은 장난감 보석함으로 보였다. 그런데도 폴과 같이 눈에 띄는 조명기구는 최소화하여 계획한 덕에 한강의 일몰 명소가 되고 있다는 소식은 반갑다. 어두워서 더 잘 보이는 일몰, 일몰을 즐기는 내 시야에 볼품없이 늘어선 가로등주가 없어서 더 감동적이라는 사실은 여기에서만 말하겠다.

의미를 못 따라온 실행, 서울로

서울로가 개장했다. 7017 서울로 프로젝트는 기존의 묻지도 따지지도 않고 부수고 새로 짓던 건축계에 신선하고 발전적인 발상이었다. 대부분의 공공 프로젝트가 그러하듯 반대하는 사람들의 이유도 의미 있고, 찬성하는 사람들의 이유 역시 의미 있다. 뉴욕의 하이라인 파크를 걸으면서 우리와는 다른 사고의 다양성, 의사결정의 유연함에 대한 차이를 느끼며 우울해 했던 기억을 떠올리며 나는 쌍수를 들어 지지하는 태도를 취했다. 설령 100점짜리는 아니더라도 충분히 의미 있는 시도라고 믿었다.

서울로 개장 3일전 야간경관 상태 점검에 나섰다. 적정한 밝기가 형성되어 있는지, 시민의 안전에 위협이 되는 요소는 없는지, 빛이 주변 건물의 내부로 흘러들어가지는 않는지, 그리고 서울을 대표하는 아름다운 장소가 될 수 있을지에 대한 전문가의 시각을 전달하기 위한 점검이었다.

현장은 생각보다 열악했다. 기본 골격 자체가 너무 노후되어 대대적인 보수를 먼저 했어야 하지 않았나 하는 생각이 들었다. 시멘트 덩어리로 구성되어 더운 열기를 그대로 전달하는 콘크리트 바닥은 세계 어디에서도 찾아볼 수 없는 공원이 아닐까 싶다.

조명이 하나 둘씩 켜지면서 우려했던 상황이 전개되었다. 수종과 크기를 고려하지 않은 조명계획으로 앙상한 나뭇가지를 씩씩하게 비추고 있는 조명, 목적 없이 허공을 향하는 빛……. 사람과 식물에게 밤시간만큼은 어둠을 돌려 주어야 한다는 취지의 '빛공해방지법'이 무색할 정도였다.

당초 해외설계사에서 '밤하늘의 갤럭시'라는 콘셉트로 바닥 조명을 푸른빛으로 계획했을 때, '동양권에서는 초현실적인 존재들을 연상시키게 하여 혐오하는 색상이다', '오랜 역사의 도시 서울의 아름다움을 해칠 것이다' 등등의 이유로 우려의 눈길을 보냈던 것을 생각하면 여기저기 널려 있는 푸른빛이 차라리 신선했다.

서울로의 모티브가 된 뉴욕의 하이라인 파크는 성공한 도시재생 프로젝트의 대표적인 사례로 꼽힌다. 산업용으로 쓰이던 철로를 철거하는 과정에서 건축가들의 창의적인 제안으로 공원으로 변신했다. 가능한 기존의 것들을 그대로 두고, 머물고 쉬고 먹고 생리적인 욕구를 해결하는 기능을 최소한으로 갖춘 공공 시설물로 계획한 것이 가장 큰 특징이다.

야생 경관을 콘셉트로 관목과 초화류를 심어 키 큰 나무 한 그루 없이 초록빛 공원의 모습이 되었다. 해가 기울면서 허드슨강에 반사된 노을빛이 주변 건물의 유리창에 비추어져 온통 연보라빛 물이 들었다가 해가 완전히 지면 하이라인 파크는 고스란히 어둠에 묻힌다. 대신 주변 건물들의 창에서 나오는 빛들이 공원의 형태를 보여 주며, 추락방지를 위해 설치한 가드레일에서 나오는 빛이 주변의 갈대를 비추어 밝은 효과를 더한다. 군데군데 놓인 벤치 아래의 빛, 나지막한 나무를 비추는 빛이 하이라인 파크를 구성하는 빛요소의 전부다. 물리적인 수치로만 보

뉴욕의 하이라인 파크. 폴이나 볼라드 등의 인공적인 조명기구를 세우기보다는 주로 식물 속이나 벤치 밑에 숨겨 그 주변만 밝아지도록 했다. 발을 딛는 보행로 위는 어둡더라도 사람들은 그것을 인지하지 못한다.

뉴욕에서 석양 스팟으로 이름난 하이라인 파크는 건물 사이를 지나가도록 되어 있어 조명이 주변에 영향을 미치지 않도록 낮게 계획되었다.

면 안전을 위한 최소한의 밝기 기준에 한참 못 미치는 환경이지만 어둠과의 동행이 그리 불편하지는 않다. 사람들을 위한 공간이어야 한다는 프로젝트의 목적에 맞게 소박한 자연을 그대로 도시에 끌어들여 긍정적인 결과를 만들어 낸 것은 아닐까.

서울로는 태양의 열기가 식은 밤에 더 많은 사람들이 모인다. 푸른빛으로 물든 서울로는 옛 서울역사에 설치된 나트륨등의 주황빛, 에너지 정책의 일환으로 최근 LED로 교체된 가로등의 차가운 하얀빛, 서울스퀘어의 미디어 파사드, 어둠 속의 철로, 눈부신 전광판 등으로 둘러싸여 있다. 어마어마한 시각적 시끄러움의 한가운데에 놓인 기분은 영 좋지 않다. 주간의 풍경이 오히려 밤이 되면서 각기 다른 무게와 질로 아우성을 치는 것처럼 보인다.

도심 한복판 빌딩과 차들의 번잡함 속에 섬처럼 휴식을 즐길 수 있는 장소를 기대했던 건 나의 착각이었을까? 어느 한구석에서라도 활기찬 서울의 야경을 즐길 수 없는 서울로가 어느 방향으로 나아가야 진정 서울시민을 위한 공공장소가 될지 진지한 연구가 필요하다.

궁궐야행

서울의 경관을 소개할 때 잘 쓰는 용어가 '옛것과 새로운 것의 공존'이라는 말이다. 서울은 대로에서 벗어나면 바로 작은 골목길이 나타나고 고층 건물과 나지막한 상가 건물이 어깨를 맞대고 서 있다. 천년의 역사를 지켜온 궁궐이 현대식 건물에 둘러싸여 있는 이미지가 어색하지 않은 곳이 바로 서울이다.

서울의 경관적 특성을 이야기할 때 빠지지 않는 요소가 궁궐이고, 절대 언급되지 않는 야간경관 요소 역시 궁궐이다. 우리나라를 대표하는 5개의 궁(경복궁·창덕궁·경희궁·덕수궁·창경궁)은 모두 서울 한복판에 자리잡고 있으며, 수많은 시민들이 일상처럼 그 옆을 지나다녀도 섬처럼 그 권위를 지키고 있다.

서울의 인기 관광지 조사에서 궁궐은 늘 명동, 동대문시장에 이어 부동의 3위를 지키고 있다. 더 많은 관광객을 유치하기 위해 매년 보존과 정비에 많은 예산을 쓰고 있지만 정작 관람자들은 옛것 그대로 보존된 모습보다는 궁궐에서 때때로 일어나는 행사에 더 관심을 보이는 듯하다.

궁궐을 주간에 이용하는 사람들은 차방을 이용하거나 모심기 행사, 고궁음악회, 그리고 인문학 특강 등 다양한 프로그램을 경험해 보았을 것이다. 그런데 유독 야간 프로그램은 매우 제한적으로 운영되고 있다. 티켓팅이 아니라 '피켓팅'이라고 일컬어지는 창덕궁의 '달빛기행'과 경복궁의 '별빛야행'은 시기와 인원수가 정해져 있어 예매하기가 쉽지 않다. 그나마 덕수궁이 2014년, 창경궁이 2019년부터 야간에 상시 개방을 하면서 궁궐야행을 즐길 수 있게 되어 다행이다.

야간에 궁궐을 개방하기 위해서 조명은 필수다. 조명을 설치하려면 전기시설이 들어가야 하고 작든 크든 훼손이 따르는 것도 사실이다. 또한 빛 자체가 시간과 더해지면 목재나 천으로 만들어진 유물을 손상시키기 때문에 '보전'이라는 개념과는 상충하며, 어둠 속에서 일어날 수 있는 안전사고에 대한 우려까지 더해져 야간 개방을 제한적으로 할 수밖에 없다.

궁궐을 개방한다는 것은 조선시대로 거슬러 올라가면 매우 상징적인 의미를 가진다. 개혁의 아이콘으로 불리는 정조는 즉위 후 자신의 첫 어진을 그린 강세황에게 감사의 표시로 당시 규장각에 근무하던 신하들을 데리고 창덕궁 옥류천 계곡 일대를 산책한다. 옥류천 계곡은 종친과 경재卿宰에게도 연회를 베풀지 않는 국왕만의 신성한 공간이었고, 지금도 관람하기 어려운 공간이다. 이곳을 신하들에게 개방한다는 것은 마음을 여는 것과 같다. 이 사건을 강세황은 「호가유금원기」에 이렇게 남긴다.

"어찌 우리 임금께서 몸소 이 미천한 신하들을 데리고 다니면서 뛰어난 경치를 하나하나 일러 주시고 온화한 얼굴과 따뜻한 음성으로 한 식구처럼 하신 것과 같겠는가! 내가 어떠한 사람이건데 이와 같이 성스럽고 밝은 세상에서 다시없을 은혜를 받았단 말인가. 멍하니 하늘 상제의 세계에 오른 꿈에서 깨어났나 의심했다."

얼마 전 방탄소년단BTS이 경복궁 근정전과 경회루를 배경으로 뮤직비디오를 찍었고, 이것이 미국 NBC 인기 토크쇼인 '지미 팰런쇼'에서 방영되었다. 세계적인 뮤지션으로 자리매김한 BTS가 어디에서 노래한들 화제가 되지 않겠느냐만 제1궁 경복궁에서 공연을 하기 위해 얼마나 많은 논의가 있었을지 생각하니 거침없이 도전하고 설득해서 이루어 낸 젊은 뮤지션에게 박수를 보내고 싶었다. 옛 서울역사와 같은 근대문화유산에 조명을 설치하는 것도 관리주체, 운영주체, 그리고 근대문화재위원회를 거치면서 에너지는 소진되고 여러 조건을 달고 어렵사리 성사되었던 전력이 있어 그런 생각을 했던 것 같다.

그런데 이것이 문화재청의 제안으로 이루어졌다고 하니 그 사고의 전환이 놀라울 따름이다. 배경 속의 근정전과 경회루가 화려한 색의 조명

2020년 경복궁에서 열린 궁중문화축전 공연. 1년에 한 번 문화유산 궁궐은 조명의 신기술로 아름다운 빛을 입는다.

으로 비추어져 고유의 색과 질감, 형태가 드러나지 못한 점이 아쉽고, 주변의 자연 풍광을 함께 드러내지 못한 점은 더더욱 아쉽지만 언젠가 궁궐의 밤이 갖는 고즈넉한 아름다움이 다른 예술가의 작품 배경 혹은 소재가 되길 바란다.

코로나19 비상사태가 해제되어 창경궁 야간 산책을 다녀왔다. 「호가유금원기」에 남겨진 말처럼 황제의 세계에 다녀온 꿈을 꾼 듯 도심의 고즈넉함, 어둠의 침묵, 그리고 텅 빈 아름다움을 한껏 즐기고 왔다. 누군가의 안내를 받아 역사 속 이야기를 속속들이 듣지 않아도 묵묵히 그 시간들을 살아온 나무와 풀을 보고 벌레의 소리를 듣는 것만으로 피로한 일상의 언어들을 피할 수 있어서 참으로 좋았다.

도심 광장과 조명

광장의 사전적 정의는 많은 사람이 모여 자유롭게 이용하는 넓은 공간이다. 동양보다는 서양에서 도시가 만들어지는 과정을 설명할 때 매우 중요하게 다루어지는 공간이다. 고대 그리스 도시국가의 '아고라'는 사람들이 토론하고 휴식하며 많은 시간을 보냈던 공간으로 알려져 있다. 뿐만 아니라 이곳에서 집회와 재판, 문화행사가 열리는 등 시민들 삶의 중심지였다. 형태적 특징을 살펴보면 공공 건축물이 넓은 공간 주변을 둘러싸고 있고 조각상, 분수 등이 조성되어 있었다. 주변 건축물의 배열, 넓은 바닥, 그리고 둥근 하늘은 좌석으로 둘러싸인 원형극장이나 공터 혹은 넓은 차로와는 달랐다.

중세에 들어서는 대형교회 전면에 광장이 등장했는데 단순히 사람이 모이는 광장과 달리 오벨리스크나 교황의 동상 등 과시적이고 예술적인 요소들이 추가되었다.

산업혁명 이후 광장의 자리를 공장이나 철도가 차지하기 시작하여 도시는 공해로 황폐화되어 갔다. 국가는 경제적으로 윤택해지면서 도시재건사업을 펼쳤고, 광장은 사람들의 삶을 건강하게 하는 공간의 상징처럼 등장했다. 이렇게 사회의 필요에 의해 달라져 온 광장은 다시 사람들의 삶에서 매우 중요한 공간으로 강조되고 있다. 현대도시에서 광장의 모습은 이전의 도시 광장과는 조금 다른 생김새이다. 그 생겨남과 쓰임새가 달라서일 수도 있고 시간이 지나면서 도시를 비운다는 개념이 부정형이 되어 일어난 결과일 수도 있겠다.

근대 서울의 광장은 도시의 상징적 요소로 여겨져 사람들이 쉽게 모일 수 있는 위치에 마련되었다. 여러 지역과 통하는 사통팔달의 장소인 경성부청(현재 경운궁 부지 자리)과 경제활동의 중심지인 조선은행(현재 한국은행 전면 부지) 앞에 광장이 만들어진 것도 그러한 이유다. 이 역시 현대도시 서울의 대표 광장인 서울 광장이나 광화문 광장과는 다른 생김새와 쓰임새로 만들어진 듯하다.

모든 도시에서 광장은 도시가 물리적, 기능적, 사회적으로 팽창할수록 그 가치가 더욱 강조되어 왔다. 그래서 광장에서 도시의 가장 큰 축제가 열리거나 도시의 가장 아름다운 모습을 볼 수 있다. 또 어떤 도시는 광장의 기능이 그 도시의 가치를 대변하기도 한다. 도시가 밀집될수록 빈 공간, 광장을 유지하는 것은 또 하나의 경제적 풍요를 의미하기도 한다. 또 광장에서 누리는 정서적 넉넉함이 그 나라 사람들의 행복지수를 설명하기도 한다. 중요한 것은 어떤 경우이든 광장의 주인은 이용자인 것이다.

도시조명 측면에서 광장이나 공원은 오픈 스페이스로 분류하며 불특정 다수의 사람들이 시간에 상관없이 이용 가능하기에 공공디자인이 적용된다. 이곳에서 장치나 시설물에 의해 안전을 위협받으면 공공의 배상이 이루어져야 하는 것이다. 예를 들어 광화문 광장이 어두워 범죄율이 높아지면 그 책임은 공원을 어둡게 계획한 주최측에게 있는 것이다. KS 기준에도 공원이나 광장에 대한 적정 조도가 마련되어 있고, 주거지 내의 커뮤니티 광장을 계획할 시에 그 기준은 매우 중요한 지표가 된다. 물론 시각적 장애물이 없는 오픈 스페이스에는 수목이 우거지거나 건물로 둘러싸인 오픈 스페이스와는 다른 기법의 조명방식도 허용하지만 여전히 이용자가 심리적으로 안전하다고 느낄 수 있는 조명환경을 제공한다. 범죄예방환경설계의 지침 중 가장 중요한 것이 '자연스러운 감시'이며 이를 위하여 시야를 가리는 장애물을 없애는 것과 더불어 '밝기'의 개념이 중요한 것이다.

연말에 한국을 처음 방문한 외국인 지인과 서울 광장과 광화문 광장을 지나게 되었는데 그가 왠지 익숙하다면서 주변 건물들을 살펴보았다. 매스컴을 통해 그는 '촛불집회의 장'으로 이 공간을 봐왔던 것이었고 그 공간에 서서 매우 놀라워했다. 그에게 서울의 광장은 늘 무언가에 저항하는 사람들의 배경이었다. 그러고 보니 광화문 광장과 서울 광장은 일반적인 광장과는 거리가 있다. 건물로 둘러싸여 있고 차가 다니지 않는 빈 공간이라는 건축의 형상은 같으나 쓰임새 측면에서 보면 모두가 쉽게 모이고 누구나 이용할 수 있는 곳은 아니다. 위치도 두 광장 모두 거리를 걷다가 자연스럽게 마주치게 되는 광장이 아니다. 4차선 이상의 대로를 가로지르는 횡단보도를 건너 진입해야 한다. 해가 지면 이 두 광장은 어둠 속으로 사라진다. 낮동안 그렇게 분주히 오가던 사람들의 발걸음도 차들의 통행도 점점 뜸해지고 광장은 존재 자체가 없어지는 듯하다. 저항의 촛불이 다시 켜지기 전까지는…….

도시의 모든 구석이 샅샅이 밝아져야 할 필요는 없다. 인공조명 때문에 밤하늘의 별을 볼 수가 없다는 사람들이 주장하듯 도시의 빛은 너무 많다. 하지만 그 많은 빛이 어디에서 오고, 어떤 일을 하고 있는지 조금 더 세심하게 들여다 볼 필요가 있다. 서울 도심의 명소로서 고즈넉이 비워진 광장의 모습 대신 불 꺼진 고층 건물 위의 전광판이 서울의 야경을 대표하고 있음을 알아야 한다. 가로수의 생장을 방해하고 별을 볼 수 없게 만드는 '밝음'의 주체가 어떤 '빛'인지 정확히 알아야 한다. 우리에게 꼭 필요한 '좋은 빛'과 '공해가 되는 빛'을 가려낼 수 있는 눈이 많아져야 한다.

서울 광장과 광화문 광장이 촛불을 들지 않은 시민들, 늦게까지 근무하다가 커피 한잔하러 나온 직장인들, 그리고 낮과는 다른 도심의 모습을 경험하려는 사람들이 편하게 걸어갈 수 있도록 하는 조명계획의 변화가 필요하다.

터널에 디자인이 필요한 이유

우리나라 국토의 70%가 산지인 까닭에 도심을 조금만 벗어나도 산을 통과하는 터널을 지나게 된다. 운전자의 약 70%가 터널을 지나갈 때 지루함을 느끼고, 70% 중 환경에 민감한 사람들은 정체시 안전에 대한 불안감이 커져 호흡에 이상이 오는 증상을 경험한다고 한다. 해마다 전체 교통사고율은 줄어가는데, 터널 내에서의 사고율은 증가하고 있는 것은 운전자의 졸음이나 주의력 결핍이 주된 원인이며 이는 단조로운 시각적 환경 때문에 나타나는 현상이라고 한다.

터널의 조명설계는 조도나 균제도, 자연스러운 밝기 적응이 일어나도록 구간별 기준이 마련되어 있으며 이는 터널의 길이와 형태, 마감, 교통량, 설계속도 등 여러 조건에 따라 다르게 적용하게 된다. 예를 들어 짧은 터널에서는 주의를 환기시키고, 터널 내부의 시야를 확보하는 데 유리한 주황색 조명을 사용하도록 하는 반면, 3km 이상의 터널에서는 오히려 이것이 졸음의 원인이 되므로 백색광을 사용하도록 하고 있다.

최근에는 터널의 길이가 길어지며 3km 이상의 터널에는 디자인 조명을 설치하도록 권고하고 있는데 졸음운전을 감소시키기 위해 시각적으로 자극이 되는 색 변화를 적용한 것이다. 10km의 강원도 인제 양양터널이나 경상북도의 팔공산터널을 지나게 되면 느닷없이 들려오는 호루라기 소리, 무지갯빛 조명, 천장에 나타났다 사라지는 영상 등이 이러한 의도이며 표현의 세련됨이나 방식의 적절함을 다투기 전에 이로 인해 어느 정도의 성과를 보고 있다.

산과 협곡이 많은 노르웨이의 래르달 터널은 세계 최장 터널로 그 길이가 24.5km에 달한다. 이 터널은 건축가와 심리학자, 조명디자이너의 협업으로 설계되었다. 터널을 만들면서 떨어져 나온 바위를 벽에 붙여 자연의 일부처럼 보이게 하고, 긴 터널을 두려워하는 사람들을 위해 5km마다 넓은 광장을 두어 짧은 터널을 4번 지나는 느낌을 갖도록 했다. 광장 구간에는 파란 하늘에서 영감을 받은 청색광과 흰색 조명을 연출하여 동이 터오는 새벽을 향해 달려가는 기분을 느끼도록 했고, 출구에는 아침의 이미지를 계획해서 여명이 밝아올 무렵의 노란빛을 혼합한 빛을 사용하여 자연스럽게 외부로 연결되도록 했다. 긴 터널을 지나가는 운전자들의 지루함을 해소하고, 자연에서 익숙하게 경험하는 에너지를 얻도록 하여 사고를 줄이는 결과를 얻어 냈다.

최근 도로의 지하화로 10km 이상의 도시터널이 증가할 전망이고 터

노르웨이의 래르달 터널

널은 단순히 통과하는 곳이 아니라 정체로 인해 머무는 공간이 될 가능성이 크다. 지루한 벽면의 마감, 단조로운 그래픽, 의미 없는 컬러 빛의 점멸, 달리는 차량에서 인지하기 힘든 동영상 등 지금의 시도는 단지 시작에 불과하며 새로운 터널 공간을 위한 심도 있는 제안이 필요하다.

최근 한국도로공사 사장은 인터뷰에서 "경부고속도로로 대표되는 국내 고속도로가 그동안 산업화와 현대화를 이끌었다면, 앞으로의 고속도로는 이용자에게 보다 집중해 안전과 편안함을 추구해야 한다"며 고속도로의 '디자인'과 '안전'을 강조했다. 이제 고속도로, 터널, 자전거 도로 등 인프라 시설도 '디자인'을 통해서 '경험'을 만들어 주는 장소가 될 것으로 조심스럽게 기대해 본다.

한강 유람선의 야경

엄동설한에 처음으로 한강 유람선을 탈 기회가 생겼다. 서울에 살면서 수없이 한강다리를 건너다니면서도 유유히 강물 흐르듯이 떠다니던 유람선을 보기만 했지 한 번도 타 볼 생각을 안 해 보았다.

유람선을 타고 보니 생각보다 많은 사람이 유람선을 이용하고 있어 깜짝 놀랐다. 강바람을 즐기기에 추운 날씨인데도 외국인뿐 아니라 가족, 친구, 연인 등 사람이 제법 많았다. 오랜만에 만난 지인들과 저녁을 먹고 유람선 즐기기의 하이라이트 '강에서 육지 바라보기'에 나섰다. 무드를 위해 와인 한 잔씩을 들고…….

다행히 바람이 불지 않아 적당한 쌀쌀함에 한강을 제대로 즐길 수 있었다. 해가 지고 어둠이 드리워지면서 한강의 양옆에 펼쳐질 화려한 불빛을 기대하며 아름다운 서울의 야경을 만드는 일에 작은 힘을 보태고 있다고 자랑할 마음에 한껏 부풀어 있었다.

서울의 야경이 아름다운 것은 야근하는 사람들 때문이라고 했던가. 실망스럽게도 눈에 들어오는 것은 아파트의 불빛들뿐 이렇다 할 볼거리가 아무것도 없었다. 새로 들어선 주상복합의 조명은 그나마 볼 만했으나 지은 지 오래된 아파트들은 무표정하게 성벽처럼 서 있었다. 몇 개의 한강다리 밑을 지나면서도 사진 한 장 찍을 것이 없었다면 과장이라고 할지 모르겠다. 시원한 물줄기와 함께 색색의 불이 켜져 야간 명소가 된 반포대교 분수도 동절기라서 그런지 시간대가 안 맞아서 그런지 볼 수가 없었다. 이렇게 볼거리 없는 한강이라니…….

서울시의 야간경관에 대하여 여러 경로로 의견을 보태 왔다고 생각했는데 내 안에는 고층 건물들과 자동차 전조등 불빛으로 가득한 도로가 서울의 야경이라는 편견이 있었나 보다. 내가 사는 환경의 조명은 감성적이고 사회적이어야 한다고 주장하면서 서울이라는 더 많은 사람들이 생활하는 넓은 범위의 도시환경에는 오로지 정량적인 평가와 가이드라인이라는 '자'만 들이대고 있지는 않았는지……. 서울의 한강과 같은 큰 강을 가지고 있는 도시는 많지 않다며 도시민의 삶의 질을 높이기 위하여 수변 경관을 잘 활용하여야 한다는 이야기는 글로만 남기고, 그것을 활용하기 위한 어떤 노력도 해본 적이 없다는 사실이 새삼 부끄러웠다.

최근 런던을 다녀온 지인이 런던의 밤 분위기가 묘하게 달라졌다며 런던브리지에는 낮에만 가곤했는데 밤에 템스강에 갔었단다. 서둘러 자료를 찾아보니 템스강을 가로지르는 다리에서 '일루미네이티드 리버

Illuminated River' 프로젝트가 진행 중이었다. 2019년에 시작하여 2022년까지 15개의 다리 조명을 LED로 교체하며 새로운 디자인을 적용하는 프로젝트로 세계에서 가장 오랜 기간에 걸쳐, 가장 넓은 범위에 실현하는 공공예술 프로젝트였다. 의지의 지속성과 만만찮게 들어갈 예산 조달 방식에 대해 의심이 들었는데 이에 대한 답을 찾는 것은 그리 오래 걸리지 않았다. 영국의 로스차일드 재단의 아이디어로 시작된 이 프로젝트는 자선단체 '일루미네이티드 리버 재단'을 설립하여 전적으로 프로젝트를 위한 기금을 마련한다. 모든 교량의 조명계획은 현상설계를 통하여 공정하게 선정되며, 선정위원회는 조명 전문가 및 엔지니어, 도시계획가, 정치가, 행정가, 그리고 재단에 이르기까지 다양한 분야의 전문가로 구성되어 있다. 세계적으로 유명한 건축가, 조명예술가들에 의해 새로운 조명기술과 미디어아트적인 요소를 곁들인 디자인들이 제안되어 그 이미지만 보고도 런던 여행을 계획하고 싶어질 정도로 흥미로웠다.

지난 2019년 7월, 첫 단계로 밀레니엄·사우스워크·캐논 스트리트·런던 브리지 4개의 다리에 조명이 밝혀졌는데 이를 디자인한 미국의 조명예술가 리오 빌라리얼Leo Villareal과 영국의 건축가 리프슐츠 데이비슨 샌딜런즈Lifschutz Davidson Sandilands는 영국 인상주의 화가들의 그림에서 영감을 받아 런던 하늘의 노을과 일출에서 보이는 색의 조명을 연출하고, 다리 각각의 건축적 특성 및 역사적 중요성을 강조했다고 한다. 런던시장 사디끄 칸Sadiq Khan은 이 프로젝트를 통하여 런던 사람들이 수세기 동안 런던의 성장과 발전의 원동력이 되어온 템스강을 다른 방식으로

위부터 런던 브리지, 사우스워크 브리지, 킹스톤 브리지.
런던이 고전적이고 정체된 도시의 이미지에서 벗어나
새로운 에너지를 담은 관광지로 부각되는 계기가 된
일루미네이티드 리버 프로젝트

생각하고 인식을 바꾸게 될 것이라고 기대한다고 했다.

서울시민에게 한강은 어떤 의미를 갖는지, 한강을 가로지르는 교량들이 수행해 온 사회적 역할이 무엇인지 누군가 생각해 본 적은 있는지 궁금해진다. 한강변에 병풍처럼 들어선 아파트의 행렬이 어떤 의미이고 또 그 경관을 매일 바라보는 서울시민에게 어떤 영감을 줄지 고민해 본 사람이 있을까. 우리는 한강을 당연히 존재하는 경관으로 여기며 과소평가하고 있는 것은 아닐까. 한강의 도시적 의미에 대한 고민 없이 한강을 둘러싼 환경을 경제적 논리로만 보고 있는 건 아닐까.

일상의 환경에 예술이 공존하고, 사회적 기능을 갖는 경관요소가 예술적 영감을 주는 것이 도시경관의 역할이라면, 우리도 런던의 '일루미네이티드 리버Illuminated River' 프로젝트처럼 한강이라는 자연경관을 장기적으로 보고 좀더 심도 있게 다루어야 할 것이다.

한밤의 드라이브

코로나19를 겪으며 내게 생긴 새로운 취미는 밤 외출이다. 처음엔 답답한 상황을 벗어나기 위해 걷기 시작했는데 그것도 지겨워져 차를 타고 여기저기 누볐다. 평소에 혼잡하기로 이름나 있어 피해 다녔던 곳들을 가보며 달라진 도시의 모습을 관찰했다.

가장 먼저 눈에 띈 것은 한강변을 걷다 보면 보이는 몇몇 교량의 조명이었다. 만들어진 지 오래되어 훗날 조명이 덧붙여진 교량들-동작대교, 반포대교, 한남대교, 동호대교 등-은 밤늦은 시간까지도 교통량이 많았다. 이 교량들의 조명은 처음 교량설계를 할 때부터 조명을 고려하지 않았기 때문에 대체적으로 교량 하단부 구조체에 수평 방향으로 설치되어 있다. 교량 위를 오가는 차량의 불빛을 제거하고 조명을 보니 평소와 달라 보였다. 교량의 형태적 특성과 어우러지지 않는 디자인, 효율이 떨어져 보수가 필요한지 희미하게 보이는 빛의 질, 또 광원이 그 수명을 다해 제각각 색을 내고 있는 것 등……. 그동안 교량 위의 꼬리를 문 차량의 조명 때문에 눈에 띄지 않다가 차량의 불빛이 뜸해지면서 눈에 들어온 건지, 도시가 전체적으로 어두워지면서 드러나게 된 건지, 아니면 우연히 그때 마침 조명기구 혹은 광원이 수명을 다한 건지는 알 수 없다.

코로나19로 대중교통보다는 자가용을 많이 이용하게 되어 출퇴근 시간 교통량이 크게 줄어든 것인지는 모르겠지만 출퇴근 시간이 조금만 지나면 급격히 도로가 한산해지고 주위에 어둠이 드리워졌다. 혹시 가로등이 자동 스마트 시스템에 의해 광량을 줄인 건 아닐까 하는 전문가적인 의심도 해보았다. 동시에 어쩌면 도시조명 전문가들이 생각했던 도시의 이상적인 야간경관이 이런 모습은 아닐까 하는 생각도 들었다. 건축 내부에서 나오는 불빛과 가로등은 조화를 이루고 있었다. 휘도가 높고 움직임까지 현란한 차량의 불빛이 제거되고 나니 꽤 차분하고 은은한 질의 조명이 도시를 비추었다. 건물에 설치된 전광판이 자동차 불빛 없는 어두운 도로와 대비되어 눈이 부셨다. 도로 조명 개선사업으로 효율 좋은 LED 가로등이 설치된 도로는 텅 비어 도로가 더욱 넓게 느껴졌다. 대로변답게 줄지어 선 고층 건물들이 영화의 세트장처럼 서 있어 미래도시를 배경으로 하는 영화 같은 느낌마저 들었다. 예전에 뉴욕의 치안이 좋지 않았던 시절, 처음으로 외국의 밤을 경험한 그 때의 두려움과 유사했다. 낮에는 그렇게 번화했던 거리가 밤이 되면서 사람도 차도 모두 사라져버리고 혼자 남겨진 느낌이었다.

도시의 조명계획은 효율이 우선인 기술 분야이며, 수치로 정한 기준이 절대적일 수는 없어도 무시할 수 없는 영역이라는 것이 일반적인 생각이다. 거대도시 서울은 빛공해 방지를 위한 가이드라인과 도시경관을 위한 여러 가지 제도를 마련하고 스마트 라이팅 시스템이라는 최첨단 조명기술을 적용하고 있다. 하지만 조명계획은 도시의 구조나 역사, 문화 수준, 거주민 간 친밀도에 따라 변화되어야 한다. 인문사회학적 연구 사례를 바탕으로 이제는 '사회적 조명'을 지향하고 있다. 이런 시점에서 발생한 코로나19 사태는 일상적인 시간과 공간이 부정적으로 다른 의미와 모습을 갖게 되는 상황이 지속될 때 도시의 야간경관은 과연 어떤 의미가 있을 것이며, 그 역할은 무엇이 우선되어야 할지 고민하게 만들었다. 의료병동 조명계획에서 중요하게 다루었던 위로, 정서 치료를 통한 물리적 치유 등의 개념들을 도시조명에 적용할 수 있는 방법이 없을까 하는 엉뚱한 생각이 들기도 한다.

이제 코로나19 비상사태가 해제되어 자유롭게 저녁 산책을 할 수 있게 되었지만 그 때의 밤이 그리운 건 왜일까.

그레이트 한강을 위한 그레이트 야경

우리가 어둠에 부정적인 인식을 갖게 된 것은 본능일 수 있으나 밝음에 긍정적인 인식을 갖게 된 것은 학습된 것일 수 있다. 종교가 곧 삶이던 시절, 악마는 빛을 두려워하고 어두운 곳으로 숨어다니는 존재로 그려졌고, 고대와 중세의 회화에도 선하고 좋은 것들은 밝음으로, 나쁘고 두려운 것들은 어둠으로 표현되었다.

도시에서도 어둠의 이미지는 다르지 않다. 빈곤하고, 범죄율이 높은 지역, 교육 수준이 낮고 문화예술에 소비하는 비용이 낮은 지역의 공통적인 특징은 다른 지역에 비해 가로등이나 보안등 시설이 미비하고, 제대로 작동하지 않아 어둡다. 대부분의 도시경관 사업에서 확실한 개선 효과를 위해 가장 쉽게 할 수 있는 일이 노후된 보안등을 교체하고 증설하여 골목길을 밝게 만드는 일이다.

도시재생의 좋은 사례로 언급되는 런던 외곽의 올드 스피탈필즈 마켓 재생사업을 들여다보면 밝기 개선이 큰 역할을 한다는 것을 알 수 있다. 우선 100년 된 고풍스러운 외관을 최대한 유지하면서 지붕만을 개조하여 자연채광이 들어오도록 했고, 가판대를 비롯한 내부 시설물 색상을 환한 색으로 교체하여 밝고 활기차게 바꾸었다. 주로 주간에 이용하게 되는 전통시장의 밝기를 개선한 것은 분위기를 바꾸는 데에 큰 역할을 했다. 이제 올드 스피탈필즈 마켓은 "빅토리아풍의 시장 지붕 아래에서 소규모 지역 생산자와 소매상인, 길거리 음식 상인이 함께하는 곳으로, 시내 번화가에서 느낄 수 없는 색다른 즐거움이 있다"고 소개되고 있다.

최근 서울시는 '그레이트 한강' 프로젝트를 발표했다. 일찍부터 한강의 가치에 주목하고 있었던 오세훈 시장이 한강변 뿐 아니라 한강 주변의 경관에까지 이르는 '그레이트'한 계획을 세운 것은 놀랄 일은 아니다. 다

올드 스피탈필즈 마켓 전경

올드 스피탈필즈 마켓 내부는
풍부한 자연광의 유입과 밝은 색조의 마감재로
활기찬 분위기를 형성했다.

만 현재의 경관에 다양한 콘텐츠를 추가하는 것은 환영하면서 또 한편으로 걱정되는 일이다. 40km에 이르는 한강변 대부분은 아파트가 점령하고 있어 이렇다 할 조형미 있는 건축물을 찾아보기 힘들다. 여기에 체육공원 같은 한강시민공원 역시 볼거리가 거의 없다.

이러한 상황에서 주변의 건축물이 지금과는 달리 조형미가 더해지고 리듬감 있는 스카이라인을 갖게 되고, 상징적인 경관요소가 만들어져 볼거리, 즐길 거리가 생겨난다는 것은 매우 환영할 일이다. 그러나 여기에 따르는 환경 피해, 시간과 비용의 문제, 보장되어야 할 정책의 지속성에 대한 염려는 이미 익숙해져 있다. 서울시민들은 현란한 계획 이후의 답보, 축소, 철회, 무산 등으로 방치된 경관을 경험했던 터라 한강변에서 일어나는 일에 막연한 거부감을 갖고 있는지도 모른다.

또 하나의 걱정은 그레이트 한강을 위한 55개의 사업에서 일몰 후 한강은 어떤 모습을 갖게 될지에 대한 이야기가 빠져 있다는 사실이다. 그레이트한 야간경관을 위하여 그레이트 주간경관이 필요한 건 사실이다. 하지만 그레이트 주간경관에 대한 치밀한 야간경관 계획이 동반되지 않는다면 그레이트 한강은 반쪽짜리 서울의 상징이 될 수 있다. 남북을 잇는 곤돌라나 서해바다까지 보이는 서울링에서 그레이트 선셋을 감상한 이후 사람들은 서둘러 한강을 떠날 것이라는 사실을 염두에 두어야 한다.

아름다운 야간경관을 갖는 대부분의 도시들은 야간경관에 대한 마스터 플래닝에서 세밀하게 가이드라인이나 상세계획을 수립하고 그것이 지속적으로 지켜질 수 있도록 노력하고 있으며 유지 관리를 위한 비용

투자나 인력 관리를 하고 있음도 간과해서는 안 된다. 야간경관 계획 역시 주간경관 못지않게 아니 오히려 더욱 많은 시간과 비용, 전문 인력이 필요하며 정책의 지속성이 필요한 것이다.

서울은 '빛이 너무 많은 도시'로 알려져 있지만 이는 사실이 아니다. 너무 많은 지역이 있을 뿐이다. 한강변도 크게 다르지 않다. 한강시민공원을 이용해 본 서울시민들은 모두 아는 사실이다. 너무 밝은 부분도 존재하지만 대부분 어둡다. 산책하기에도, 자전거를 타기에도, 그냥 앉아 도란도란 이야기를 나누기에도 말이다. 그리고 너무 밝은 부분은 대부분 너무 어두운 부분과 공존한다. 누가 봐도 너무 어둡다는 민원을 해결하기 위해 맥락 없이 조명기구들을 설치한 흔적이 역력하다. 어둡다고 조명기구를 더 설치하고 나면 상대적으로 더 어두워지는 지역이 생기고 차츰 밝아진 공원은 빛공해와 에너지 낭비라는 이름표를 달게 되는 것이다.

쇠퇴한 시장을 명소로 만들기 위해 얼마나 세심한 계획을 세우고 실행해 나갔는지, 활기찬 시장을 만들기 위해서 조명기구를 더 많이 설치하지 않고 지붕을 열어 자연광을 들인 런던의 지혜를 기억하기 바란다.

경관조명의 현주소

서울시는 2011년, 늘어가는 도시의 빛을 관리할 방안을 마련하기 위해 지자체로서는 처음으로 빛공해 방지 및 도시조명관리조례를 제정했으며, '빛공해방지법'이 만들어진 것은 그로부터 1년 후였다. 이후 좋은 빛위원회를 두고 건축물이나 공원, 도로, 그리고 미디어 파사드에 이르기까지 도시의 빛요소들을 관리하여 빛공해 방지와 더불어 안전한 도시, 야경이 아름다운 서울을 만들기 위하여 지속적으로 노력해 왔다.

2019년, 서울시는 도시 빛 리서치단을 꾸려 권역별로 경관조명 현황에 대한 설문조사를 실시했는데 이제까지의 노력에도 불구하고 그 결과는 참으로 놀라웠다.

도심권(종로구·중구·용산구)의 경우 조계사·덕수궁 등 많은 문화재가 주변 광고조명의 영향으로 그 존재를 알리지 못하고 있었고, 주변의 상업지구는 높은 휘도와 정돈되지 않은 색온도 탓에 정비가 필요한 것으로 지적됐다. 서북권(은평구·서대문구·마포구)은 아예 조명이 설치되지 않은 공원에서 치안문제가 제기되었고, 도로는 어두워 위험한 반면 상암 디지털미디어시티의 경우 지나치게 화려한 조명으로 인해 혼란스럽다는 의견이 많았다.

동북권(도봉구·노원구·강북구·성북구·중랑구·동대문구·성동구·광진구) 역시 대부분의 지역에서 조도나 색온도, 휘도의 계획과 관리가 이루어지지 않고 있다는 지적을 받았고, 서남권(강서구·양천구·영등포구·구로구·동작구·관악구·금천구)은 도로와 공원 등 공간조명의 낮은 조도와 강한 대비로 밤길이 두렵다고 했다. 동남권(서초구·강남구·송파구·강동구)의 경우 광고조명의 휘도 관리가 필요하다는 평과 함께 도로나 보행로의 조도, 색온도의 통합적 계획과 관리가 아직 부족한 것으로 조사되었다.

각 권역별로 조명환경 개선이 시급하다고 꼽은 곳은 덕수궁 · 남산공원(도심권), 독립공원(서북권), 북서울 꿈의 숲 · 정릉(동북권), 보라매공원 · 금천 폭포공원(서남권), 양재시민의숲 · 백제고분로와 몽촌토성(동남권)으로 다수의 사람들이 이용하는 공공 공간들이었다.

'2030 서울시 공원녹지 기본계획'에 과거 도시의 공원은 나무를 심고 잔디밭을 조성하는 정도의 그저 바라보는 녹색공간이었으나, 최근에는 도시 거주자들의 삶의 질을 향상시키는 다양한 특성을 가진 공원으로 구상해야 한다고 되어 있다. 300페이지에 이르는 보고서 중에서 일몰 후 환경 조성에 대한 내용은 안전을 위해 범죄 예방 디자인을 해야 한다는 문구가 언급되었을 뿐 장소의 정체성, 기능을 위한 세부 디자인 가이드라인이나 관련 기준에 대한 언급은 없다. 실제로 공원 조성시 조명계획은 아직도 전기설비 분야에 포함되어 개략적인 수준으로만 다루어지고 있고, 공원 조성 후에도 최소한의 인원이 램프를 교체하는 정도의 관리만 하고 있는 것이 현실이다.

공원의 조명계획은 계절마다 그 모습을 달리하고 성장하는 수목과 복합적인 자연생태계의 특성을 고려해야 한다. 예를 들어 가을에 잎이 떨어지는 나무를 투광할 때 지중 타입 조명기구는 적합하지 않으며, 수종에 따라 빛에 민감도가 달라져 빛공해에 의한 피해도 달라진다. 또, 밝기 계획에 의해 일몰 후 사람들의 동선을 유도하여 생태지역을 보호하고 빛공해의 피해를 최소화하는 방안도 생각해 볼 수 있다. 넓게 펼쳐진 오픈 스페이스에서는 수평조도가 낮아도 수직 빛요소를 두어 안전함을 느끼게 할 수 있다. 세미컷오프의 배광을 갖는 보행로용 조명기구는 주변 나무를 비추어 낮은 조도로도 안전하게 보행할 수 있게 해준다. 벤치나 음수대, 파고라와 같은 환경조형물에 조명을 결합하여 밝기를 제공하고 이정표가 되도록 하여 빛요소를 최소화한다면 유지 관리 비용도 줄어들어 이득이 되지 않을까.

어떤 길은 여럿이 떠들며 걷고, 어떤 길은 천천히 걸으며 사색하고, 어느 곳에서는 앉아서 서로의 얼굴을 보며 이야기하고, 또 어떤 곳에서는 어둠 속에 조용히 앉아 전경을 내려다 볼 수 있도록 이미 공원은 계획되어 있을지도 모른다. 밤에도 그렇게 공원을 이용하고 즐길 수 있도록 보다 세심한 야간환경이 계획되길 바란다.

고층 건물과 아파트로 가득찬 듯한 서울이 인구 1명당 공원 면적이 꽤 높다고 한다. 낮에 바쁜 도시인들이 밤에라도 도심의 공원을 제대로 즐길 수 있어야 하지 않을까.

도시 공원의 밤,
치유의 시간

영국 런던의 하이드파크는 헨리 8세의 사냥터로 조성되었는데 근대로 넘어오면서 도시개발과 시민권의 성장으로 공공 공간으로 이용되면서 현대 공원의 시초가 되었다. 1800년대 중반, 미국의 뉴욕 역시 도시화로 인구가 증가하면서 극심한 공해에 시달리게 되었고 시민들의 사회적 불만이 쌓여가자 이를 해소하기 위해 공원을 만들어 쾌적한 여가공간을 제공했는데 이것이 그 유명한 센트럴파크의 시초이다.

세계에서 가장 유명한 두 도시 공원이 산업화, 도시화 과정에서 만들어졌고 개개인의 삶의 가치를 인정하고 환경에 대한 불만을 해소해 주려는 노력에서 출발하여 결과적으로 사람들이 위로를 받았다는 사실이 흥미롭다.

지금은 도시마다 인구 1인당 일정 면적 이상의 공원을 확보해야 하고

10년 단위로 공원 면적을 늘려 가는 계획을 수립하는 것을 법률로 명시하고 있다고는 하나 시민들의 입장에서 공원은 늘 부족하다.

2020년 구글이 발표한 '공동체 이동 보고서'에 따르면 3월말 공원을 방문한 사람의 수가 코로나19 확산이 본격화된 1월 대비 약 51% 증가했다고 한다. 계절의 영향이 없진 않겠지만 열린 공간이 주는 정서적 치유도 이유가 되었을 거라고 생각한다.

실제로 도시공원은 심리적 치유 및 면역력 증진에 큰 효과가 있다고 한다. 얼마 전 열린 환경 관련 학술 포럼에서는 코로나 시대의 사회적 대안으로 '도시공원을 재생하여 공공녹지를 공유화하는 계획에 대한 필요성'을 강조했는데 발표자는 "오픈 스페이스가 바이러스 안전지대라고 볼 수는 없지만 주목할 것은 공원에서 바람과 햇살을 느끼고 식물의 생장을 바라보며 이웃과 함께 있다는 위안감은 닫힌 공간에서 고립된 생활을 하며 느끼는 답답함과 우울함을 벗게 해준다"며 "이러한 공원이 제공하는 심리적 안정감과 치유력은 눈에 보이지 않는 바이러스와 전략적인 싸움을 가능하게 해주는 백신과 같다"고 말했다.

밤이 되어야 비로소 일상의 번잡함에서 벗어나 여유의 시간을 갖게 되는 것은 나만의 일상은 아닐 것이다. 저녁 일정이 억지로 간소화된 요즈음 이른 저녁을 마치고 집 주변 공원을 찾는 일이 잦아졌다. 굳이 멀리 갈 필요도 없이 동네 쌈지 공원을 찾는 것만으로도 피로가 풀리는 듯하다. 그런데 도시공원들은 대부분 조명 상태가 매우 열악하다는 공통점을 갖고 있다. 어둡고 조명기구가 노후되거나 못쓰게 된 것도 눈에 띄고 지속적인 관리가 되고 있는지조차 의심스러운 공원들이 꽤 많다. 지금 처럼 에너지를 적게 쓰고 유지 보수에 대하여 비교적 용이한 조명 시스템이 없던 시절에 설치된 까닭도 있을 테지만 공원을 이용하는 사람들이 많아지면 적절한 보수가 이루어져 안전을 보장받을 수 있어야 하지 않을까.

공원을 조성하고 나면 조명기구 자체도 노후되지만 시간이 흘러 수목이 자라나 조명기구를 가리거나 떨어진 낙엽으로 덮이면 조명이 제대로 역할을 못하는 상황이 된다. 또한 이따금 세워져 있는 이정표는 보이질 않고 안내 키오스크도 어둠 속에 숨어 사람들이 가는 방향이 내가 가야 하는 방향이 된다. 즉 빈약한 계획과 관리의 부재라는 총체적 난국 속에 공원 이용자들은 스스로 안전을 지켜야 하는 상황이 된다.

여러 번 강조했듯이 공원의 모든 곳이 밝게 비추어질 필요는 없다. 중요한 것은 안전하다고 믿을 수 있는 빛환경 조성과 공간별 다양한 질의 빛계획을 통하여 빨리 걷는 사람, 천천히 걷는 사람, 서성이는 사람, 앉아 명상하는 사람 등 공원의 기능이 다양해져야 할 것이다. 더불어 조명계획을 수립할 때 긴 수명이나 고효율뿐 아니라 유지 보수를 쉽게 할 수 있도록 만드는 노력도 필요하다.

비움의 테라피

2021년 개업한 한 백화점의 방문 고객이 많아 뉴스거리가 된 적이 있다. 코로나로 오프라인 쇼핑보다는 온라인 쇼핑이 늘어나고, 백화점 매출이 떨어져 오프라인 매장의 필요성에 의문을 갖게 되는 시기여서 놀랄 일이었다. 주차를 격일제로 운영하면서 방문객 수를 조절해야 할 정도로 사람이 많았다고 한다. 다녀온 사람들은 사람이 많아 복잡하고, 식당 대기가 1시간 이상이었다고 불평을 늘어놓았지만, 지금도 여전히 많은 사람이 그곳을 찾는 신기한 현상이 이어지고 있다.

이 백화점은 고급, 화려함과 같은 기존의 하이엔트 소매점의 기본 개념 대신 개인의 취향에 맞게 소비하고 다양한 상업적 경험이 가능하도록 공간을 구성했다. 서울 최대 면적의 백화점 공간을 판매를 위한 매장으로 채우기보다는 비워서 그곳에 자연을 들여 코로나로 지쳐 있는 고객들에게 시기적절한 '리테일 테라피Retail Therapy'라는 선물을 준 것이다.

이 공간의 성공 요인인 '비움'은 사람과 건물, 도로 등이 과밀해져 가는 도시에서 품격과 가치를 높여주는 주요 환경인 것이다. 런던의 템스강과 하이드파크, 뉴욕의 이스트강과 허드슨강, 그리고 센트럴파크처럼 도시의 허파 역할을 하는 이러한 요소들은 도시를 쾌적하게 하고 시민들의 일상을 풍요롭게 한다. 또한 정서적으로도 매우 중요하며, 자부심까지 갖게 하는 역할을 한다. 비워진 공간에서 우리가 안전하다고 믿을 수만 있다면 말이다.

메가시티 서울에서도 비움은 중요한 도시경관적 가치이다. 정중앙의 남산과 가로지르는 한강, 그리고 시내 한복판에 자리잡은 역사유산인 궁궐들이 서울의 허파가 되어 서울의 품위를 지켜 주고 있다. 여기에 더하여 공동주택마다 공원을 만들고, 서울식물원과 같이 도시재생이나 재개발 등 택지 개발사업을 통해 많이 비워내 시민에게 돌려주는 공간을 늘여가고 있지만 아직까지는 이런 공간에 나무를 심고 산책길을 만들고 벤치를 두는 것 이상의 노력은 없었다. 번잡하다고 불평이 터져 나오는 백화점에서 '리테일 테라피'로 위로를 받는 시대에 공공 공간들은 과연 어떤 위로를 해줄 수 있을까. 사람들이 그 공간에 어떤 기대를 갖는지, 어떤 행위를 하고 싶어할지, 또 정서적으로 어떤 영향을 미칠지에 대한 생각이 콘셉트가 되어 그에 맞는 프로그램이 만들어진다면 좀더 다양한 모습을 되지 않을까.

세계적인 조경설계회사 'WEST 8'에서 일했던 한 디자이너가 이런 말을 했다.

“나무 한 그루, 풀 한 포기 심지 않는 공원을 계획하기도 합니다. 공원은 개방된 공간을 의미하고 나무와 길이 필수 요건은 아닙니다. 사람들이 기대하는 공원의 기능이 다양해졌는데 그 모습도 당연히 다양해졌습니다. 때론 조경 없이 구조물과 콘크리트 광장으로만 공원이 만들어지기도 합니다.”

이제라도 어렵게 비워서 생기는 공공 공간을 신중하게 계획해 보자. 시민의 다양한 휴식 취향이 충족될 수 있는 공간을 구성해 보자. 그리고 그 공간을 낮에도, 밤에도 사용할 수 있도록 조명을 계획해 보자. 어느 시간에 오든 위로와 행복을 얻어 갈 수 있는 그런 공간을 만들어 보자.

서울을 대표하는 야간 명소

도시조명은 도시 기능의 변화를 가져왔다. 해가 지면 멈추어야 했던 활동이 계속될 수 있었고, 발을 헛디뎌 넘어지거나 안 보이는 웅덩이에 빠지는 일로부터 안전해질 수 있었으며, 범죄로부터 보호받을 수 있게 되었다. 초기 조명이 선사했던 밝기 개선에 의한 혜택은 고스란히 도시민을 위한 것이었고 직접적으로 삶의 변화를 가져왔다.

조명의 역할은 단순히 밝기 제공을 넘어 감성적, 사회적 혜택까지 누리게 하는 것으로 확대되었다. 이는 사람이 사는 장소가 안전하게 정착하는 '곳'을 넘어 어떠한 특성을 갖는 '장소'로 변했음을 의미한다.

도시경관에서는 시각적으로 보이는 이미지를 중요하게 다룬다. 대부분의 대도시에서 경관적으로 장소의 의미를 만드는 일은 그리 어렵지 않다. 도시에는 원래부터 그곳에 존재했던 산이나 강 혹은 호수와 같은

산과 강을 품고 있는 메가시티 서울

자연경관, 오랜 시간을 두고 사람이 쌓아온 역사경관, 그리고 거주민들의 편리가 담긴 생활경관 등의 경관자원이 풍부하기 때문이다. 서울시를 예로 들면 남산과 한강과 같은 자연경관과 경복궁, 비원 등 역사경관, 그리고 서울로, 청계천 등의 생활경관이 존재한다. 이러한 경관적 특징을 어떤 단어로 정의하고 서울의 아이덴티티로 매김할지 정하면 된다. 하지만 야간경관에 있어서는 조금 이야기가 다르다. 인공적으로 조명환경을 만들어야 하는 일이기에 어떤 방식으로, 무엇을 우선할지에 대한 논의나 검토가 필요하다.

매년 서울시의 10대 야간 명소를 정하기 위한 시민공모가 이루어지는데 개인적으로 무리한 시도라고 생각했다. 도시의 크기나 인구수, 인구밀도 등에서 세계 10대 도시 안에 드는 천년 역사도시 서울의 야간 명소를 어떻게 10개로 국한할 것이며, 그렇게 정해진 10개의 명소가 서울 야간경관을 정의하는 데에 과연 의미가 있을까 하는 생각을 했다.

예상대로 시민들이 생각하는 서울의 야간 명소와 서울시에서 예상한 명소는 50% 정도의 일치만을 끌어냈다. 시민들은 거주지를 중심으로 개인생활 영역에 근거한 명소를 선정했다. 물론 여기에 옳고 그름은 없지만 서울의 야간경관 명소라고 확실하게 내세울 만한 대표적인 '장소'가 없다는 것을 확인했을 뿐이다.

우스갯소리로 서울의 야경이 아름다운 이유는 야근하는 사람들이 있는 건물의 불빛 때문이라고 이야기한다. 그만큼 서울의 빛은 넘쳐나고 빛공해를 운운할 정도로 야간경관이 화려하다. 서울로와 청계천, 남산타워와 롯데월드타워, 경복궁, 반포대교, 암사대교, 가양대교, 한강변을 따라 흐르는 도로의 조명들까지 셀 수 없는 야간경관 명소들이 존재하는데도 일각에서는 여전히 '상징적'인 야간경관 명소의 부재를 아쉬워하는 목소리를 낸다. 그 이유로 서울의 야간경관이 전체적인 맥락이나 주변 경관과의 관계를 고려하여 형성된 것이 아니라 개발과정에서 단편적으로 형성된 것이기 때문이라 생각된다.

일반적으로 도시경관은 거대한 계획 내에서 이루어진다. 마스터 플래닝이라는 전체 계획 속에서 지역 간의 위계, 기존 경관 특화를 통한 아이덴티티 형성이라는 과정을 한 번쯤은 검토한다. 예를 들어 뉴욕의 타임스퀘어는 주변 광고물과 브로드웨이의 극장, 6번가와 7번가, 그리고 브로드웨이의 교차 등 여러 경관요소와 사회적인 도시의 기능이 현재의 야간경관을 만들어 냈다. 새로이 야간경관의 명소로 떠오른 미국 서부의 하이라인파크와 첼시 지역은 기존 건물과 신축 건물과의 조화, 그리고 허드슨강이 어우러지는 독특한 야간경관을 가졌다.

이와 같이 지역의 경관적 특징을 강조하며 다른 지역과 차별화하는 야간경관이 형성되어야 하는 것이다. 예를 들어 서울로는 서울로를 관통하는 한강대로, 통일로 등의 가로와 더불어 주변의 고층 건물과 서울스퀘어, 옛 서울역사, 숭례문, 남산타워, 윤슬광장으로 확장하여 도심형 야간경관의 메카로 만들 수 있다. 서울이 품은 가치들을 한눈에 감상할 수 있는 명소가 될 수 있는 것이다. 또한 롯데월드타워가 위치하는 잠실에서 반포대교, 세빛섬, 노들섬에 이르기까지 한강의 자연경관과 더불어 수변의 야간경관을 연계할 수 있는 계획으로 발전시키는 것도 하나의 방법이 될 수 있으리라 본다.

서울의 상징적인 야간경관 명소는 조명기구를 덧붙여 새로이 형성할 것이 아니라 더 중요한 것들을 위해 덜 중요한 것들을 내려놓고, 위계 없이 나열된 가치들을 모으고 연결하여 그 특징을 드러냄으로써 만들어질 수 있는 것이다.

서울식물원의 밤 산책

뉴욕에 가면 센트럴파크가 있다. 남북으로 4km, 동서로는 1km 정도, 약 34만 평방미터의 도시공원이다. 고층 건물이 빼곡하게 들어선 도심 맨해튼에서 센트럴파크는 많은 사람에게 회색 건물의 삭막함을 잊게 해주는 좋은 도시경관 자원이다. 공원에 심겨진 50만 그루의 나무는 도시의 허파가 되어 양질의 공기를 내뿜어 이른 아침과 이른 저녁시간에는 산책과 조깅, 풀밭에서 요가를 하는 사람들로 붐빈다. 주말엔 맨해튼에 거주하는 사람들뿐만 아니라 인근 도시에서 자연과 문화를 즐기려는 사람들이 몰려든다. 문화행사나 모임, 운동, 놀이, 명상, 조용한 산책 등 센트럴파크는 도시민의 여가에 필요한 모든 요소를 제공한다.

그러나 이런 공원도 해가 지고 어두워지면 기피하는 공원이 된다. 걸어서 혹은 자전거로 공원을 가로지르며 상쾌하게 출근했던 사람들도 밤엔 다른 경로로 귀가한다. 한 관광 사이트에는 '밤에 센트럴파크를 가도 되냐'는 질문에 되도록 탈것을 이용하고, 가능하면 여럿이 같이 움직이거나 주변에 사람이 없고 어두운 공간은 재빨리 피하라는 답변이 올라와 있다. 1980년대 수백 건에 달하던 범죄율이 1990년대에 들어서며 몇십 건으로 줄어들었으며 '세계에서 가장 안전한 도시 중의 하나'라고 하면서도 센트럴파크의 밤 산책은 권하지 않는다.

범죄를 예방하기 위한 환경설계에서 가장 중요한 원칙은 '잘 보이도록 하는 것'이다. 많은 사람이 잘 볼 수 있게 하기 위해 장소를 시각적으로 개방하고, 더불어 밝기를 제공하는 것이다. 이때의 밝기 기준은 주변보다 지나치게 밝지 않아야 하며, 주의를 기울이지 않고도 무슨 일이 일어나는지 혹은 일어날 예정인지 알 수 있도록 밝아야 한다.

센트럴파크의 범죄를 줄이기 위해 더 많은 CCTV를 설치하고, 보안등의 폴에 경고벨을 설치했다. 하지만 적정한 밝기가 확보되지 않는 한 대부분의 CCTV는 무의미하며, 경고벨과 같은 사후처리용 설치물은 예방보다 그 효과가 미비하다.

2016년 12월 센트럴파크 일부 구역에서 보안등의 오작동으로 밤새도록 조명이 켜져 있었다고 한다. 공원 이용이 통제되는 새벽 1시 이후에는 조명이 꺼져야 하는데 그러지 않은 것이다. 재미있는 사실은 '누구 혹은 무엇의 오류인가'에 대한 논의는 곧 '왜 모든 조명을 꺼야 하는가'에 대한 질문으로 옮겨 갔다는 것이다.

서울 마곡동에 위치한 서울식물원이 2014년 공원설계를 시작하여

2018년 10월 임시 개관, 2019년 5월 정식으로 개관했다. 이 공원은 서울식물원이 포함된 주제원 외에도 열린숲, 호수원, 습지원 등 4구역으로 나뉘고 식물원을 제외한 대부분의 공간이 24시간 개방된다. 이곳은 도시공원이라서 식물의 생장보다는 도시민의 안전을 더 우선시 했기에 국립공원 혹은 다른 나라의 도시 공원보다는 밝게 계획한 것 같았다. 임시 개관을 며칠 앞두고 최종 점검을 위하여 현장을 돌면서 이제까지의 공원과는 다른 야간 빛환경이 조성되었다는 평가를 했다. 편안하게 걸을 수 있는 공원길, 아름다운 빛패턴을 즐길 수 있는 거리, 낮은 빛으로 어둠과 어우러진 수변 등 그동안 공원에서 무의식적으로 보안등을 나열하며 간과했던 밤의 표정이 담겨 빛이 주는 감동을 즐길 수 있는 공원이 되었다며 관계자들 대부분이 '잘 되었다'라는 평가를 내렸다.

설계자의 입장에서 안타까운 부분이 없는 것은 아니지만 설계 이후 실현 단계에서 발전된 시스템을 적용한 것에 대해 감사했다. 사람들의 통행이 뜸한 시간에는 빛을 줄이고, 사람의 움직임이 감지되면 다시 밝게 함으로써 에너지 소모를 줄이고 식물에 미치는 광해도 줄일 수 있는 스마트 라이팅 시스템은 당시에는 안정적이지도 경제적이지도 않아 계획하지 않았는데 현장 검토를 통해 적용한 것이다. 조명기술은 하루가 다르게 발전하여 장기간 프로젝트에서는 설계 내용이 구닥다리가 될 수 있는데 현장에서 이런 지원을 해주니 감사할 따름이었다. 이러한 노고에 감사드리며 부분적으로 밝기를 줄이고 싶은 구역이 있다는 뜻을 밝히니 관계자는 손사래를 친다. 안전을 위해 더 밝게 하자는 의견을 겨

마곡 서울식물원 산책로

마곡 서울식물원

우 설득했다는 것이다. 하지만 부분적으로 고즈넉한 산책길, 특별히 빛에 민감한 나무에 대한 배려도 필요하니 빛퍼짐의 범위를 조정하고, 밝기를 줄이는 것은 안전을 위협하지는 않는다고 설득하고 정식 오픈까지 보완해 보자는 반쪽의 허락을 받아냈다고 한다.

때마침 나무가 옷을 벗고, 해가 일찍 지는 계절이라 낮보다는 밤에 공원을 즐기려는 사람이 많을 듯하다. 겨울 동안 안전하고 아름다운 야경을 즐길 수 있는 공원으로 시민의 사랑을 받고, 시간이라는 옷을 입고 풍성해진 나무로 채워진 서울식물원의 모습을 기대해 본다.

마곡 서울식물원 수변산책로. 산책로의 폭과 주변 환경에 따라 다른 질의 빛환경을 계획했다.

모두가 행복한 축제

11월쯤 미국 뉴욕으로 여행을 가면 결코 빠뜨리지 말아야 할 코스가 바로 록펠러센터의 크리스마스 트리다. 80년이 넘는 역사를 가진 이 크리스마스 트리는 매년 전문가가 미국 각지를 돌아다니며 엄격한 잣대를 거쳐 선정한다. 그리고 대중매체를 통해 모든 과정이 공유된다. 미국 어느 지역의 나무가 선정되었는지, 그 크기와 무게는 어느 정도인지, 언제 출발하여 뉴욕에 도착하는지, 어떤 방법으로 운반하는지, 심지어 크리스마스 시즌이 끝나면 어디로 가는지-보통 해비타트 운동을 위한 목재로 사용하는 등 공공재로 이용된다고 한다-등 이 크리스마스트리에 대한 시민들의 관심이 떠날 수 없도록 시시콜콜 뉴스로 실어 나른다.

점등식은 시민 누구나 참여할 수 있고 가까이에서 보지 못하는 사람들을 위해 스크린을 통해 미국 전역에 생중계되기도 한다. 주변 샤넬 가든의 천사 조형물 장식이나 길 건너 삭스 피프스 백화점의 쇼윈도 디스플레이 구경은 덤이다. 여러 쇼윈도가 이어져 하나의 이야기가 완성되는데, 이 시기만은 상품이 아닌 크리스마스에 어울리는 행복한 메시지를 담는 것이다. 가진 자보다 고단한 삶을 사는 이민자의 비율이 훨씬 많은 뉴욕에서 이러한 이벤트는 새해를 준비할 에너지를 준다. 나 역시 유학 당시 이곳에 와서 인증사진을 찍었다. 그리고 궁금했다. 누가, 왜, 어떤 이익이 있어 이런 일을 매년 하는가.

메리가 붙지 않은 크리스마스는 어색하고, 그날의 주인공이 아기 예수가 아니라 산타클로스라고 답할 사람이 적지 않은 우리나라에서 크리스마스 장식은 유통업계, 호텔 등의 집객요소이다. 모 백화점 광장에는 록펠러 센터에 설치되었던 것과 같은 크기인 높이 23m, 무게 5톤에 이르는 대형 트리가 세워지기도 했다. 매년 이맘때 서울시 좋은빛위원회에서는 건물의 크리스마스 장식에 대한 심의를 한다. 일시적인 설치이기는 하나 빛의 움직임, 반짝이는 효과의 휘도가 주변에 빛공해 원인이 되지는 않는지에 대한 내용이 주를 이룬다.

재미있는 것은 타 건물에 대한 심의와는 달리 의견이 분분하다. "일시적이어도 주민의 삶의 질을 떨어뜨리는 것은 지양해야 한다"라는 입장과 "여러 사람에게 좋은 에너지를 주는 축제의 빛이며 공공을 위해 점등 시간도 늘여 주고 과한 빛의 움직임, 변화, 색상, 밝기 등 특별히 문제가 될 만한 질의 빛이 아니면 보다 적극적으로 장식 조명을 설치하도록 해야 한다"는 입장이 팽팽하다. 예를 들어 롯데월드타워의 경우, 원거리

2021년 겨울 신세계백화점 크리스마스 미디어 파사드

에서 볼 수 있는 미디어 파사드를 건물 외벽에 설치하면 빛공해방지법 기준 내 휘도값이더라도 길 건너 주거지역에서는 영상의 움직임이 시각적 공해가 될 수 있는 것이다.

이런 경우 나의 주장은 '공공성'에 기반한다. 얼마나 더 많은 사람이 그 혜택을 누리는가, 얼마나 더 많은 효과를 얻는가에 대한 답이 곧 나의 주장이었다. 일반적으로 고급주거단지에 거주하는 대부분의 사람들은 창을 가릴 만한 장치를 할 거라는 추측과 그들 중 일부는 집 앞에서 펼쳐지는 조명쇼를 긍정적으로 평가할 거라는 초긍정의 논리로, 관광특구는 사람이 모일 동기가 되는 시각적 자극이 필요하고, 축제의 빛은 에너지를 느낄 수 있어야 한다는 의견을 냈다.

바람이 있다면 그 축제의 빛이 조금 더 친절하게 다가왔으면 하는 것이다. 특히 그 주변에 사는 사람들을 배려하여 그 축제의 빛이 어떤 의미를 가지며, 어떻게 만들어질 것인지, 얼마만큼 진행되었는지에 대해 공유해 준다면 그들은 이에 공감하고 기대하고 자랑스러워할 것이다. 경제 논리에서 완전히 벗어날 수 없다고 하더라도 축제의 빛을 통해 다수의 시민들은 활력을 얻고 행복을 느낀다고 믿는다.

3
사회적 조명

사회적 조명

2016년 국제도시조명연맹LUCI 연례총회가 서울에서 열렸을 때 영국의 사회학자 돈 슬레이터 교수는 처음으로 '사회적 조명Social Lightscape'이라는 말을 사용했다. 당시 그는 도시조명과 사회적 행동의 관계에 대한 연구를 하고 있었는데 경제적·사회적으로 낙후된 도시는 조명환경도 열악하다며 사회적 불평등의 카테고리에 도시의 조명 조건이 포함된다고 이야기했다.

슬레이터 교수가 연구하고 있는 세계 6개 도시 중 인도 서남단에 위치한 케랄라 지역은 경제 상황이 매우 좋지 않은 도시다. 그가 만난 한 도시 관계자는 어마어마한 분량의 조명 기준 자료를 보여 주며 스마트 라이팅 시스템을 발전시켜 적용했다고 자랑스럽게 말했다. 그가 기준은 어떻게 만들어졌냐고 질문하자 델리의 기준이라고 대답했단다. 상상하건대 케랄라 지역에 존재하지 않는 도로나 차량, 사람의 통행량에 대한 기준이 적용되었을 것이다. 케랄라 특유의 모습과는 상관없고, 그 지역 사람들의 삶에는 필요치 않을 빛들이 상공업의 중심 도시 델리처럼 비추고 있을지도 모르겠다.

도시의 조명 기준은 반드시 도시의 환경적, 사회적 특성을 반영해야 할 뿐만 아니라 시민의 삶을 충분히 파악하여 담아야 하는데 대부분의 도시계획에서 조명에 대한 부분은 다른 도시의 것을 그대로 가져 오거나 아주 기능적인 수치 기준-주로 수평면의 조도 혹은 수직면의 휘도-만을 간단하게 언급하고 끝내는 경우가 허다하다. 아이러니하게도 그가 사는 런던에서 발표한 500페이지 분량의 '2030 발전 계획'에서도 조명에 대한 이야기는 경기장과 공원 조명, 점·소등 시간에 대한 내용 6가지가 언급된 것이 전부라고 한다.

슬레이터 교수는 여러 도시에서 실험을 통해 야간 환경이 개선되면 거주자들이 자신이 안전한 곳에서 살고 있으며 그 지역을 좋은 장소로 평가하는 경향을 보인다는 것을 알아냈다. 그는 야간 환경의 개선 방법으로 '더 밝은' 환경을 조성하는 것보다 '더 매력적으로 보이는' 환경을 조성하는 것이 훨씬 더 효과가 크다고 말하며 그것을 '사회적 조명'라고 말했다. 기계적으로 일정 수치에 맞추어 도시의 야간경관을 계획하는 것은 도시가 갖는 경관적 특별함을 없애는, 즉 델리와 케랄라 같은 밤의 모습을 만드는 것과 같다. 도시의 조명계획에 있어서 도시의 고유한 이미지를 담아내고, 공간별 기능을 살리는 것도 중요하지만 먼저 거주민의 삶의 패턴, 공간을 사용하는 방식을 이해하고 지역주민의 인터뷰와 다양한 시간대의 관찰이 필요한 것이다.

서울시에서 빛공해방지법, 경관법이 발의되면서 지자체에서도 경관의 기준 마련이 유행처럼 번져갔고, 조명환경 관리구역을 정하기도 전에 밝기 수치의 기준을 정하고 있다. 이러한 기준은 과거 고도의 제한으로 집집마다 옥상에 노란색 물탱크를 설치하여 도시경관을 이룬 것처럼 획일적인 도시의 야간경관을 양산해 내고 있다. 도시와 도시를 가로지르는 도로면의 밝기 기준은 그렇다 치더라도 숲속 산책길이나 골목길, 수변길, 오솔길 등은 길마다 다른 모습을 보여줄 수 있을 텐데 야간경관 가이드라인은 그것을 허용하지 않는다. 주변에 빛이 없어 낮은 밝기로 충분한 공간, 이미 주변에 빛요소가 많아 조명이 더 이상 필요하지 않은 광장, 늦은 밤 산책하는 주민을 위해 심야시간에도 밝기가 필요한 도심 공원 등 밝기 기준은 대동소이하다.

뉴노멀 시대이지만 우린 아직 '밝기 맞추기'의 조명계획에 머물러 있다.

약자를 위한 도시조명

이제는 한몸처럼 되어버린 모바일 디바이스나 PC 모니터, TV 등에서 나오는 블루라이트가 시력 이상과 불면증의 원인이라고 한다. 안과 의사들은 이 청색광이 가시광선 중 가장 파장이 짧고 에너지가 커 다른 색의 빛에 비해 눈 건강에 영향을 줄 수 있지만 일상적인 노출 정도로는 시신경이나 망막에 손상을 주지는 않는다고 한다. 다만, 밝은 빛에 지속적으로 노출되면 멜라토닌 생성에 영향을 미쳐 숙면을 방해할 수는 있다는 의견을 주었다.

한 연예인이 코로나 예방접종 부작용으로 시력 기능이 저하되었다고 하자 방역 당국은 인과성 확인이 어렵다고 했지만 주변에는 공감하는 사람이 꽤 있었다. 근시나 약시, 백내장 등 대부분 눈에 이미 이상이 있는 사람들이어서 본인의 시각 이상이 100% 접종에 의한 부작용이라고 확신하지 못할 뿐이다.

조명을 공부하면서 처음 대하는 것이 '사람의 눈'이다. 중고등학생 시절 생물 시간에 한 번쯤은 보았을 눈 해부도를 통해 수정체와 홍체, 모양근, 망막 등 구조와 기능, 눈의 이상이 우리의 행동이나 삶에 어떤 치명적인 결과를 가져오는지를 배운다. 흐릿한 시야와 같이 수술로 개선이 가능한 것은 차치하고, 시야가 좁아지거나 왜곡되는 망막 이상으로 도로의 높이 차이를 인지하지 못하여 넘어지는 상황이 생길 수 있다. 정상적인 시각은 두 개의 눈에 의해 형성되는데 그중 한 개에 오류가 생기면 두 개의 눈으로 보는 사람과는 다르게 시야가 좁아지고 초점이 다른 곳에 맺힐 수 있다. 그래서 계단과 같은 일상적인 장소에서 '섬세한 시각'이 작동하지 않아 사고로 이어질 수 있는 것이다.

좀더 특별한 사례는 뇌의 이상에 의한 시지각 오류이다. 예를 들어 머리 뒷부분에 철봉이 관통하는 사고를 당해 오른쪽 뒤통수의 시각피질이 손상된 사람이 있었는데 정면을 바라보고 있을 때 왼편으로 암점이 생겨 손바닥 크기만큼이 안 보였다. 그 결과 화장실 입구에 있는 'WOMAN'이라는 표지를 볼 때 'WO'는 안 보이고 'MAN'만 보여 여자 화장실로 들어가는 실수를 했지만 일상생활에는 큰 문제가 없었단다. '본다'는 것 자체에는 문제가 없었으나 집중하여 볼 때 어느 한 부분이 사라져 보여 잘못된 판단을 내리곤 했던 것이다. 뇌과학자 올리버 색스Oliver Sacks가 대했던 환자, '아내를 모자로 착각한 남자'는 시각은 정상이나 전두엽에 이상이 생겨 본 것이 무엇인지를 판단하는 데 오류가 생긴 경우이다. 이처럼 시각이 지각으로 되는 데에 뇌의 여러 가지 부분들이 작동하고 있음을 알 수 있다. 이렇게 복잡다단한 시지각 과정에서 크고 작은 오류가 생긴 사람들은 일상생활에서 기적적으로 이런 모든 것을 보고, 적당히 판단하며 위험을 감수하며 살아가고 있다.

최근 망막 손상으로 눈 수술을 한 지인이 조명 전문가인 나에게 고맙다는 이야기를 했다. 이런저런 공공 조명에도 관여한다고 생각했는지 횡단보도의 초록 조명, 빨간 조명은 정말 잘한 일이라며 그것 때문에 밤에도 안전하게 길을 건널 수 있다는 것이다. 그러면서 밤에 집 앞 공원을 걷는 게 어두워서 엄두가 안 난다는 이야기도 했다. 가로등이 드문드문 있는 공원은 바닥이 잘 안 보이고 어둠 속에서 움직이는 사람 때문에 놀라는 일이 많다는 것이다. 그는 낮에는 운전도 하고 강아지와 산책도 하며 계절 따라 피는 꽃들을 찍어 인스타그램에도 올리는 정상적인 시각을 가진 사람이다.

횡단보도를 밝게 드러내는 하얀색 LED 조명이 주변과 지나친 밝기 대비를 만들고 이는 운전자나 보행자의 눈부심을 유발할지도 모른다는 주장을 해왔다. 지나치게 배려된 공공 조명들이 도시 야간경관의 품격을 낮춘다는 생각을 했고, 횡단보도 턱에 설치된 초록색, 빨간색 띠 조명의 효용에 대하여도 쓸데없는 예산 낭비라는 의심의 눈초리를 보냈다. 사람의 눈은 밝기에 순응하는 능력이 있어 어둠에도 적응하기 마련이며 적당히 어두운 공간이 있어야 적은 에너지로 고즈넉한 밝음을 만들어 낼 수 있다고 믿었다. 도시의 야간경관이라는 큰 주제 속에서 기능적인 밝기 기준을 고집하는 것은 디자이너로서 역할 회피이며 도시의 아름다움보다는 기능만을 생각하는 촌스러운 접근 방법이라는 의식을 갖고 있었다.

시각적 오류를 경험해 보지 못한 조명 전문가가 소홀히 하는 밝음은 때로 누군가에게 치명적인 위험이 될 수 있다는 사실을 알아야 한다. 공공을 위한 빛은 시각에 이상을 가진 사람들에 대한 배려도 포함해야 하며, 안전한 밤거리에 대한 가이드라인은 보다 섬세하게 만들어져야 한다는 것을 깨달았다. 어쩌면 도시경관의 특성이나 방향 그리고 조명기술보다 현대 도시의 사람들이 사회적·생물학적으로 어떤 다양성을 갖고 있는지, 야간의 삶에 대한 만족도는 어떠한지, 무엇을 필요로 하는지에 대해 먼저 알아야 하지 않을까. 미래 도시 조명의 방향은 사회생물학적 관점에서 바라보아야 할지도 모른다.

골목길이 밝아지면 범죄가 줄어들까

드라마 〈동백꽃 필 무렵〉에서 연쇄살인범 '까불이'의 범죄는 어둠 속에서 일어난다. 희미한 불빛의 좁은 골목길, 버려진 창고, 불 꺼진 상가……. 드라마의 배경지인 옹산은 낮에는 활기차고, 오랜 이웃들이 주고받는 웃음과 이야기들로 시끌벅적하지만 해가 지고 어둠이 내려앉으면 다른 동네인 양 음침하고 스산한 기운이 감돈다. 이런 어둠과 밝음의 대비가 선한 멜로와 스릴러를 넘나드는 드라마를 더욱 흥미진진하게 보게 하는 요소일지도 모르겠다.

드라마 속의 불편한 어둠을 마주할 때마다 '저 골목 가로등 개선사업 좀 해야겠네'라는 생각을 한다. 골목길의 가로등 개선사업을 통해 안심 귀갓길을 조성하는 것은 좁은 골목길을 가진 마을의 단골 경관사업이다. 가로등의 수를 늘여 설치하고 후미진 곳 없이 온 동네가 밝아지면 까불이가 더는 살인을 저지르지 못할 거라는 아주 시시한 생각을 해보았다. 한편으로 자신을 무시하는 사회에 대한 복수로 범죄를 저지르는 '까불이'가 골목길이 밝아졌다고 살인을 멈출까 하는 의문도 생겼다. 과연 어둠은 범죄와 밀접한 관계가 있을까? 어두운 환경이 밝게 개선되면 범죄를 줄이는 데 영향을 미칠까?

2015년 한 매체의 보도에 따르면 서울에서 단위면적 당 가로등 수가 가장 많은 구는 노원구이고 그 다음으로 서초구, 강남구 순이란다. 또한 가장 적은 수의 가로등이 설치된 구는 강북구로, 노원구의 8분의 1 수준이고 그 다음은 강서구, 도봉구, 동작구의 순으로 조사되었다. 예상대로라면 이 4개 구의 범죄율이 높아야 하는데 그렇지 않다. 심지어 강서구, 도봉구는 범죄율이 최하위권으로 나타났다.

국제조명위원회에서는 골목길이 밝아져 시야가 확보되면 범죄 심리가 억제되어 범죄발생률이 감소하고 각종 사고로부터 두려움이 없어져 환경의 안전에 대한 긍정적인 마음이 생긴다고 발표했지만 이에 대한 구체적인 사례는 이야기한 바 없다. 오히려 1997년 미국법무부 연구소는 조명환경 개선으로 범죄를 예방할 수 있다는 확신이 없다고 했고, 1998년부터 2000년까지 진행된 시카고의 골목길 프로젝트는 이에 대한 증거라고 할 수 있다. 시카고는 범죄를 줄이기 위하여 첫 단계로 간선도로와 주택가의 가로등 17만5천 개를 높은 밝기의 조명기구로 교체했고, 두 번째 단계에는 시카고 역과 고가 주변의 조명을 보수 혹은 교체했다. 마지막 단계에는 도시 전체 골목길의 조도를 상향 조정했다.

이 프로젝트의 의도는 골목길의 밝기 개선을 통하여 시민들이 안전하다는 느낌을 갖게 하고 범죄를 줄이겠다는 것이었다. 두 지역을 선택하여 주야간에 발생하는 범죄율과 밝기 개선 후 6개월, 1년의 범죄 발생 추이를 조사하고 범죄의 종류도 조사했는데 밝아진 환경에 대해 심리적으로 안전하다는 감정을 느끼는 사람의 수는 늘었으나 범죄율은 오히려 증가한 것으로 나타났다. 특히 조명 개선 이후 범죄율은 6개월 동안 현저히 증가했고, 약물범죄와 같이 이전에는 발견되기 어려웠던 범죄의 신고수가 늘었다. 물론 절도와 같이 밝기가 개선되어 시야가 확보되면 줄어드는 범죄의 종류 역시 존재한다. 하지만 조명 여건이 좋아진다고 해서 범죄율이 낮아지는 것은 아니라는 결론이다. 다시 말하자면, 가로등 개선과 범죄 발생률은 연관성이 없으며 사고나 범죄를 예방하기 위하여 가로등 개선사업에 매년 어마어마한 예산을 쓰는 것은 바보 같은 일인 것이다.

2019년 서울시는 '사회적 조명' 정책을 기반으로 하는 스마트 시티를 추진한다고 밝힌 바 있다. 사회적 조명의 정의가 모호하기는 하지만 이제까지의 정책과 달라진다는 뉘앙스로 보인다. 아마도 정량적 효율과 수치가 아닌 사람들의 정서와 문화 그리고 장소의 특성을 반영한 조명 정책이 아닐까 싶다. 특히 조명의 사회적 역할이 매우 중요한 곳, 예를 들면 빈민가, 낙후된 재래시장, 복구가 필요한 재난 지역 등에서 조명의 역할은 일반적인 그것과는 많이 다르기 때문에 다른 시각에서 접근할 필요가 있다.

지난 아시아 도시조명연맹 워크숍에 스피커로서 참석한 사회학자 돈 슬레이터Don Slater 교수는 '경제 수준이 낮은 도시에 거주하는 사람들에게 필요한 조명의 역할'에 대한 연구결과를 발표했다. 그들이 사는 도시는 어둡지만 친근감과 믿음이 존재하는 환경으로, 어둠은 두려움이 아니며 조명이 거리를 밝힐 필요가 없는 환경도 존재한다고 이야기했다. 그는 런던의 LSE에서 '컨피규링 라이트Configuring Light'라는 이름으로 더 나은 조명의 역할을 찾아가는 실험을 하고 있으며, 이와 유사하게 미국의 조명 전문가들은 '소셜 라이트 무브먼트Social Light Movement'라는 이름으로 활동하고 있다.

조명기술의 발전 속도만큼이나 도시조명의 역할이 빠르게 달라지고 있다. 안전한 밝기 제공, 스마트하게 변신하는 기능, 그리고 이제는 사람의 정서를 보듬는 빛까지……. 까불이라는 캐릭터가 존재하지 않는 환경을 만드는 조명계획, 이것이 앞으로 요구되는 도시조명의 가이드라인이 될지도 모르겠다.

무엇을 할 수 있을까

얼마나 오래 이 일을 기억할지 모르겠다. 과거는 잊혀지기 마련이고 우린 또 오늘과 내일을 살 것이다.

서울의 도시경쟁력은 세계 8위로, 정치, 경제, 문화 모든 것이 집중되어 있는 메가시티이다. 그런 서울 한복판에서 전쟁보다 더한 일이 벌어졌다. 300명의 사상자를 낳은 이 참사를 보며 많은 사람이 같은 생각을 했을 것이다. 어쩌다가 이런 일이 일어났을까, 미리 대비할 수는 없었을까. 사상자가 이렇게 많이 생길 일이었나.

골목길에 들어서는 사람들과 빠져 나오지 못한 인파가 뒤엉키면서 죽음에 이르고 있었을 때 바로 앞 큰길의 사람들은 이를 알아차리지 못하고 있었다. 매스미디어가 발달하여 신속하게 정보가 공유되는 세상이고, 각자의 손에 모바일 디바이스를 하나씩 들고 있지만 주변 상황을 감지하지 못했다는 사실이 허망하기만 하다. 몇백 미터 밖의 지진을 긴급으로 알려주는 시스템을 갖추었어도 바로 옆 골목에서 일어나는 참사는 알 길이 없다. 많은 사람이 몰려들어 누군가가 곧 사고가 날 것 같다고 인지한 그 시각, 어떤 방식으로든 사고의 위험에 자신이 노출되어 있다는 사실을 미리 알았더라면 상황은 달라지지 않았을까.

사람이 다니는 길 어디에나 설치되어 있는 가로등이 과거에는 군중의 움직임을 감시하는 용도로 쓰이기 시작하여 현대에는 온갖 사회적 정보의 플랫폼이 되어가는 시점에 과거로 회귀하는 발상일지는 모르겠지만 '위험 경고'의 기능 하나를 추가하면 어떨까 하는 생각을 해본다.

범죄가 빈번히 발생하거나 관광특구에 행사가 열려 일시적인 과밀 현상이 발생할 수 있는 지역의 가로등에 스스로 사고를 감지할 수 있는 CCTV 모니터 또는 재난안전통신망의 신호를 받을 수 있는 장치, 사고를 인지한 누구라도 작동시킬 수 있는 스위치를 설치하여 점멸이나 밝기 조절, 색광 등의 형식으로 위험에 노출되어 있음을 경고하는 시스템을 갖추도록 했다면 적어도 아무것도 모른 채 스스로를 사지로 몰고 가지는 않았을 것이다.

2015년 12월 리옹의 빛축제는 매우 특별하게 진행되었다. 리옹 빛축제 한 달 전, 파리에서 테러가 일어나 폭탄과 총기 난사로 130명의 무고한 시민들이 생명을 잃은 사건이 일어났다. 테러로 축제는 취소되었고 리옹시에서는 공포와 비탄에 빠진 사람들을 위로하는 행사를 기획했다. 건축물 벽에 희생자들의 이름이 하나하나 투영되고 그 자리에 모인 시민들은 촛불을 들고 온 마음을 담아 죽어간 이들을 추모했다. 그 광경은 외국인이 보아도 가슴이 뭉클했다.

매년 9월 11일 뉴욕시 맨해튼의 남쪽에서는 거대한 빛기둥이 켜진다. 〈Tribute in Light〉라는 공공 설치 예술품으로, 처음 기획은 예술가 존 베넷John Bennett, 구스타보 보네바르디Gustavo Bonevardi, 리차드 내시 굴드 Richard Nash Gould, 줄리안 라베르디에르Julian Laverdiere 그리고 폴 미오다 Paul Myoda, 조명디자이너 폴 마란츠Paul Marantz에 의해 3년간의 임시 행사로 제안되었다. 2001년 9월 11일 미국의 대도시 3곳(뉴욕·워싱턴·필라델피아)에서 테러 조직의 공격으로 건물이 무너지고 수많은 사상자가 났던 사건을 기념하고 죽어간 모든 이들을 추모하는 빛기둥이다. 그 크기는 무너져 없어진 월드트레이드센터와 같으며 두 개의 빛기둥은 쌍둥이 빌딩을 암시한다. 7000와트 밝기의 조명 88개가 설치된 빛기둥은 6.4km

9·11 테러 희생자들을 추모하기 위한 조명설치 작품 〈Tribute in Light〉

높이까지 빛이 쏘아 올려지고 10km 밖에서도 조망이 가능하다. 매년 9월 11일이 되면 일몰 후부터 새벽까지 빛을 쏴 뉴욕 시민 누구나 그 사건을 기억하도록 한다.

이러한 추모의 빛은 워싱턴의 펜타곤 추모공원에서도 볼 수 있는데 당시 생을 마감한 184명을 추모하기 위한 184개의 벤치 하부에 은은한 불빛이 켜진다. 20여 년이 지났어도 추모의 빛은 희생자들을 기억하게 한다.

연일 뉴스에서는 누구의 책임인지 갑론을박이다. 사회가 어떤 위로를 할지, 반복되지 않도록 지금 당장 무엇을 바꾸어 나가야할지 누가 먼저 할지가 궁금하다.

미래의 도시조명

미국에서 유학할 때의 일이다. 한 개의 광원을 사용하여 1′(약 30cm)×1′ 크기의 박스에 지정하는 빛효과를 연출해 보라는 과제가 주어졌다. 프레젠테이션을 위해 박스의 스위치를 켠 순간 교수가 외마디 소리를 지르며 눈을 가렸다. 내가 쓴 광원이라고는 10와트 정도의 아주 작은 크기의 촛대 전구였는데 교수의 행동이 너무 지나치다는 생각이 들었다. '혹시 인종차별인가'라는 생각까지 들며 울적했다. 결국 그 과제의 평점은 평균 이하였다.

그 이후 수업을 들으며 뭐가 문제였는지 알게 되었다. 자연광의 밝기에 익숙한 우리와 그렇지 못한 그들의 환경적 차이에서 발생된 문제였던 것이다. 1년에 100일 이상 맑은 하늘을 경험하는 우리와 흐림과 비를 자주 경험하는 그들의 밝기에 대한 적응치는 당연히 다를 수밖에 없었고,

나에게 익숙한 밝기가 그들에게는 눈부심을 느낄 수 있는 수준이었던 것이다.

2년에 한 번씩 독일에서 조명건축박람회가 열린다. 광원, 조명기구, 그리고 조명기술에 대한 모든 정보를 접할 수 있는 가장 큰 행사다. 내로라하는 대형업체들의 신제품 기술 경향을 읽다 보면 조명디자이너들이 사용하게 될 툴에 대한 앞으로의 흐름을 알 수 있어 새로운 기법이나 창의적인 디자인을 제안하는 데 도움이 되기에 빼놓지 않고 방문하곤 한다.

이곳에서도 '눈부심'이 이슈였다. LED로 광원이 콤팩트해지면서 동시에 소비전력당 방출하는 광량을 높이려는 노력이 휘도(눈부심)를 발생할 것이라 예측했다. 하지만 밝기에 민감하고 적응된 밝음의 정도가 낮은 생활권의 사람들은 눈부심에 대한 불편을 없애는 것을 중요하게 여겼다. 그래서 그들이 택한 방법은 효율을 포기하는 것이었다. LED가 소비하는 에너지가 기존 광원에 비해 현저히 적기 때문에 시도할 수 있었던 방법이었으리라 생각한다.

또 하나의 이슈는 '스마트 라이팅'이었는데, 사용자가 빛의 양(조도)이나 색(색온도)을 조절할 수 있는 시스템인 튜너블 라이팅Turnable Lighting이 대부분의 조명기구에 적용되어 있는 것을 보면서 우리가 아는 에너지 절약을 위한 스마트와는 다른 이야기라는 점이 흥미로웠다.

약 5년 전, '업무효율 향상을 위한 공간 개선방안'에 대한 연구과제를 통해서 효율적인 업무수행을 위해 많은 근로자들이 업무환경의 조명 조건을 본인이 원하는 대로 제어하고 싶어 한다는 사실을 알고 매우 놀란 적이 있다. 종이를 이용하는 수평면 업무에서 모니터를 이용한 수직면 업무의 형태로 변화했지만 천장의 조명은 여전히 일률적인 밝기, 고효율 기준을 고수하고 있어 나온 결과였으리라. 언젠가는 바뀌겠지 했는데 이제 그 시간이 가까워진 듯하다.

두 가지 변화의 공통점은 더 이상 주어진 환경에 불편을 감수하며 사람이 맞추어 가는 것이 아니라 사람이 환경을 조정할 수 있는 시스템이 보편화되어 간다는 사실이다. 눈부심을 줄이고 조명의 질을 제어하는 것은 삶의 질을 개선하는 방향이며, 이를 위하여 보다 많은 비용을 지출하고 덜 효율적인 조명기구를 사용하게 될지도 모르는 것이다. 예측하건대, 도시의 야간경관의 개념도 달라질 것이다. 큰 그림 아래 정책적으로 조성된 아름다움이 아니라 지역의 특성과 개개인의 요구를 담아 다양한 질의 빛이 미래도시의 밤을 채우게 될 것이다. 그것은 하나의 단어로 표현하기 어렵다. 늘 같은 밤풍경이 아니라 시간에 따라 혹은 그날 그곳의 상황에 따라 변화하는 역동적인 도시의 이미지가 될지도 모르겠다.

공공 조명에 대한 기대

빈센트 반 고흐Vincent van Gogh가 본격적으로 그림 공부를 하기 시작한 1883년부터 1885년까지 머물렀던 네덜란드의 뉘넨은 고흐의 마을로 알려진 작은 마을인데, 2017년 '반 고흐 자전거길Van Gogh Path'로 다시 한번 조명을 받았다. 이 길은 반 고흐 사후 125년을 기념하는 미래형 고속도로 프로젝트 '스마트 하이웨이Smart Highway'의 일환으로, 그가 2년간 머물렀던 지역인 네덜란드의 에인트호번과 뉘넨을 연결하는 자전거길이다. 도시디자이너 단 로세하르데Daan Roosegaarde가 태양광 에너지를 저장했다가 밤에 빛을 내는 특수도료를 이용하여 고흐의 그림 〈별이 빛나는 밤Starry Night〉에서 영감을 얻은 패턴을 자전거길 위에 연출한 것이다. 이 길 위에 깔린 반짝이는 돌은 낮 동안 태양광에 의해 충전되고, 밤새 그 빛이 노면을 밝게 빛나게 한다. 조도계로 재면 우리에게 익숙한 기준 조도에는 턱없이 모자랄 정도로 은은한 빛이지만 자전거를 타고 지나는 사람들에게는 충분히 안전할 수 있는 밝기이며, 주변의 어둠과도 조화를 이룬다. 태양광을 이용하므로 에너지 사용이 거의 없고, 방사되는 빛이 없어 눈부심이나 주변 자연경관에 빛공해를 입힐 일도 없다. 한 편의 시와 같은 이 길의 아름다운 야경을 구경하기 위해 관광객들도 모여든다. 누구나 무료로 이 길을 지날 수 있으며 일회성이 아닌 지속가능한 야간 명소여서 더 큰 의미가 있다고 작가는 말했다.

런던의 퀸 엘리자베스 올림픽파크는 2012년 런던 올림픽 때 광장으로 쓰였던 공간을 산책로로 변경한 것으로, 이 공간을 비추기 위해 조명디자이너 스피어스 앤 메이저Spiers&Major가 아주 특별한 조명계획을 제안했다. 그들은 일반적으로 산책로를 비추는 폴 타입의 조명기구 대신 직경 90cm, 56개의 구체를 매다는 방법을 계획했다. 거대한 구체에 서로 다른 크기로 800개의 구멍을 뚫고 각각 다른 렌즈를 장착한 LED를 끼워 넣어 빛을 내도록 했다. 또한 구체의 외피는 메탈 재질로 하고, 내부는 초록색, 파랑색으로 칠하여 빛을 받으면 오묘한 색으로 보이도록 디자인했다. 구체에서 나온 빛은 태양이 나무를 비춰 그늘을 만들어 내는 것과 같은 자연스러운 효과를 지면에 연출한다. 그 밝기는 초저녁부터 심야시간까지 15~10lux로 조정되도록 프로그래밍 하여 일몰 후 드리워지는 어둠을 자연스럽게 받아들이도록 했다. 이렇게 어둠과 밝음이 자연스럽게 공존하는 공간에서의 산책을 사람들은 특별하다고 평가했다.

2006년 완공된 밀레니엄파크는 초고층 건물이 빼곡한 시카고의 중

반 고흐 자전거길은 도로 노면을 수천 개의 반짝이는 돌과 태양광 도료를 코팅하여 안전하면서도 시적으로 연출했다. 자전거를 타고 지나는 사람들은 반 고흐의 대표작 〈별이 빛나는 밤〉을 발 아래로 감상할 수 있다.

심부에 위치하는 공원으로, 문화예술의 거점으로서의 공공 공간을 표방하며 계획되었다고 한다. 이 공원을 시카고의 랜드마크로 만든 두 개의 공공조형물을 꼽으라면 단연코 거대한 콩처럼 보이는 아니쉬 카푸어Anish Kapoor의 〈Cloud Gate〉 조형물과 하우메 플렌사Jaume Plensa의 〈Crown Fountain〉일 것이다. 이 중 시카고 사람들의 사랑을 받고 있는 크라운 분수는 15m 높이로 마주보고 있는 두 개의 미디어 타워가 잔잔한 수면 위에 서 있어 타워의 콘텐츠가 수면에 반사되어 보이도록 계획되었다. 유리블록으로 마감된 미디어 타워는 내장되어 있는 LED 스크린을 통해 시카고 시민의 얼굴을 13분 간격으로 바꾸어 표출하며 낮보다는 어두운 밤에 보는 것이 훨씬 감흥이 크다. 이따금씩 타워에서 물을 뿜어낼 때에는 일시적으로 미디어 타워가 아닌 거대한 빛의 타워로 변신한다. 내가 갔던 날은 행위예술가들이 수면을 날 듯이 움직이며 공연을 하는 덕에 우연한 감동을 느낄 수 있었다.

서울에도 한강시민공원을 비롯한 양재천, 서울숲, 성동 송정둑길, 송파 랑도네 둘레길, 월드컵공원 순환길, 홍제천 산책길 등 자연경관을 이용한 랜드마크들이 있다. 지역 주민들은 이러한 공간을 통해 삶의 질이 나아졌다고 이야기한다.

그러나 이러한 공간들의 야간 모습은 매우 아쉽다. 조명이 설치되어 있지 않아 어두워 밤에 가기 꺼려지거나 조명이 설치되어 있어도 지나치게 과한 밝기와 빛의 색이나 조사각 등 여러 가지 면에서 적정하지 않은 조명기구를 사용한 사례도 자주 눈에 띈다.

조명기술이나 정책에 있어서 세계적으로 우수하다는 평가를 받는 서울의 야간 모습은 아직 개선할 점이 많다. 그냥 걸을 수 있는 정도의 산책길이 아니라 걸으며 위로받고 행복을 느낄 수 있는 질적으로 보다 높은 수준의 도시공간을 필요로 하는 시대를 우리는 살고 있다. 따라서 공공장소의 빛환경을 계획함에 있어 사람의 안전과 그 이상의 가치, 그리고 자연의 생장도 고려해야 하는 합의점을 찾기 위하여는 도시조명 전문가뿐 아니라 보다 다양한 분야의 전문가들이 모여 앉아 심도 있게 논의할 필요가 있다. 자연을 보호하기 위해 '무조건 인공조명을 끄자'라는 주장이 아닌, 서로에게 최소한의 상처를 남기는 지혜를 모아야 한다.

지역 공동체와의 공감

건축계의 노벨상인 프리츠커상은 재능과 비전, 책임의 결합으로 인류와 건축 환경에 일관적이고 중요한 기여를 한 생존 건축가에게 수여하는 상이다. 특정 건축물에 국한하지 않고 건축가의 건축세계를 평가하여 선정한다. 2022년 수상자 디에베도 프랑시스 케레Diébédo Francis Kéré는 아프리카 부르키나파소 태생으로, 공동체와 지역주의 그리고 지속가능성이라는 키워드로 설명되어지는 사회적 건축가이다. '테드TED' 강연에서 그는 유년 시절 자신에게 고향마을 사람들이 동전 한 닢씩 쥐어 준 신성한 예우가 평생의 작업 에너지가 되었고 어떤 방식으로든 이런 공동체성의 실체를 건축 어휘로 녹여 내려는 노력을 해왔다고 밝혔다. 그의 건축의 특징은 진흙에 콘크리트를 섞은 벽돌과 같은 사방에 널린 흔한 재료를 사용하고, 자연재 사이로 햇살이 시처럼 쏟아지는, 친근하고 서정적인 공간을 만들어내는 것이다. 또한, 지역 공동체를 설득하여 시공자와 주민이 협력해서 만드는 건축으로 설계하고, 지어진 후에는 공동체 구성원이 직접 유지 관리할 수 있도록 교육까지 해주는 것이다.

이러한 주민 참여에 의한 지속 가능성은 도시경관 사업에서 매우 필수적인 부분이다. 골목길 담벼락 도색이나 화단, 쉼터 조성 등은 지속적으로 관심을 두고 관리하지 않으면 흉물로 전락하거나 쓰레기더미로 변해버린다. 따라서 지자체에서 진행하는 도시경관 사업은 프로젝트 초기부터 거주민이나 상인들을 참여시켜 적극적인 협력을 이끌어 내고 있으며 경관협정을 맺어 사후 유지 관리의 주체가 되도록 유도하고 있다.

야간경관 사업은 주민들의 관심과 참여가 필수이다. 조명기구는 시간이 지나면 그 수명을 다하게 되는데 비추는 기능 이외에 어떠한 연출을 하게 되면 그것을 운용하는 주체가 반드시 필요하다. 뿐만 아니라 조명기술의 발달로 이를 관리하기 위한 전문 기술자를 필요로 하게 되어 이들의 인건비나 에너지 사용에 대한 비용도 계속 필요하다. 사용자의 관심, 비용, 어느 것 하나만 없어도 열심히 만들어 놓은 아름다운 야간 모습을 계속 볼 수 없다.

코로나19로 해외에 나가는 기회가 차단되어 국내를 여행하는 사람이 늘었고 경관이 좋은 지자체들은 이들이 밤까지 머물도록 야간 명소화 작업이 한창이다. 이러한 야간경관 명소화 사업은 그 지역이 가지고 있는 경관적 가치를 발굴하거나 재평가 받는 기회가 된 반면, 지역에 사는 사람들과의 합의 혹은 지역 공동체와의 공감이 없어 언제 꺼질지 모르는 일시적이고 어디에서나 볼 수 있는 특색없는 경관을 양산해 내고 있는 듯해 안타깝다.

예를 들어 강이나 하천을 가로지르는 교량의 경우 아치교는 대부분 아치를 색조명으로 비추고 있으며, 교량의 규모가 좀 커지면 미디어 콘텐츠를 연출하기 위한 하드웨어를 설치한다. 미디어 콘텐츠는 어디에서 누가 보는가가 가장 먼저 고려되어야 하는데 강 위에 덩그러니 놓여 있는 다리에서 연출되는 콘텐츠는 아주 멀리에서 차로 순식간에 지나가며 볼 수 있을 뿐임에도 불구하고 적지 않은 예산이 투입된다. 교량의 야간경관을 개선하며 관광객이 유입되어도 직접적으로 경제적 이득을 얻었다는 상인은 어디에도 없다. 즉 지자체는 랜드마크를 만들었을 뿐이지 그로 인해 어떤 경제적 효과를 가져갈 것인지에 대한 세심한 고려를 하지 않은 것이다.

야간경관 사업에 앞서 관광객의 유입을 기대할 수 있는 지역을 명확히 정하고, 그 지역의 상인들 그리고 거주자들과의 합의가 우선되어야 한다. 상인들과 관광객 유입에 의한 상권 활성화와 경제적 효과를 담보로 협정을 맺어 야간경관을 유지하기 위한 노력을 함께 해나갈 수 있도록 협조를 구하고, 거주자에게는 명소가 되면서 감수해야 할 정주 환경의 변화에 대한 공감대 형성과 가치있고 풍요로운 지역이 될 수 있다는 희망을 주어야 한다. 이러한 합의가 있어야 개선된 야간경관이 비로소 지속적으로 유지되고 가치를 발하게 될 것이다.

빛의 레시피

단 로세하르데Daan Roosegaarde의 조명 설치 작품 〈GROW〉는 약 6000천 평의 부추밭을 레이저로 비추는 아주 단순한 기법의 작품이지만 "빛과 식물이 공존하는 지속 가능성의 아름다움을 보여주는 꿈의 풍경"이라는 소개는 과언이 아니다. 더 감동스러운 사실은 단지 빛으로 가득찬 풍경에서 그치는 것이 아니라, 세련된 도시에 밀려 가치를 잃어버린 농지에 대한 인식 재고와 농업 시스템 혁신의 필요성, 그리고 인공조명이 식물 생장에 도움을 줄 수 있다는 메시지가 숨겨져 있다는 것이다.

그들이 제안하는 '빛의 레시피'는 청색광과 적색광을 UV와 결합한 것으로 이 빛들이 식물의 신진대사를 향상시켜 성장에 도움을 주고, UV는 해충과 질병에 대한 식물의 면역력을 증가시켜 농약의 사용을 50%로 줄일 수 있도록 해준다고 한다. 이는 2년간 광생물학적 조명기술에

단 로세하르데의 〈GROW〉

중점을 두고 와게닝겐 대학 및 연구팀과의 협업을 통해 이루어낸 결과인데 이러한 시도는 그들이 지향하는 '예술과 기술을 통한 더 나은 세상'에 한발 다가가기 위한 것으로, 감동과 더불어 사람의 삶을 이롭게 하는 빛의 역할에 대한 기대가 커진다.

인공조명이 사람이나 동식물의 생육에 영향을 미친다는 사실은 이미 모두가 알고 있는 사실이다. 도시의 빛은 수면의 질을 떨어뜨릴 뿐 아니라 멜라토닌 생성을 억제하여 유방암 발병률을 증가시키는 데에 영향을 주며, 지속적으로 밝기에 노출되는 수면 환경은 뇌에도 영향을 준다. 생태계에 끼치는 영향은 좀더 쉽게 경험할 수 있다. 매미가 밤낮으로 울어대는 것, 지방보다 인공조명이 많은 도시의 나무에서 더 빨리 녹색잎을 볼 수 있고 단풍은 천천히 볼 수 있다는 사실, 그리고 외국 사례이긴 하나 산란기 바다거북의 이동경로의 혼란 등이 있다.

"제발 잠 좀 잡시다"로 시작되는 빛공해에 대한 민원은 결국 빛공해방지법을 만들어 냈다. 지난 10년간 지속적인 노력으로 적어도 수면에 방해받지 않고, 내가 키우는 작물에 해가 미치지 않도록 방어할 수 있는 제도가 정착된 듯하다. 반면, 사람이 직접 피해를 보지 않는 자연경관에 대한 빛공해는 늘어가고 있어 걱정이 앞선다. 아름다운 호수나 강, 바다 경관을 가지고 있는 도시들은 칠흑 같은 어둠이 드리워지던 호수를 가로질러 다리 혹은 전망대를 만들고, 조명을 빽빽이 달아 '지역 브랜딩'이라고 이야기한다. 그 광경을 보고 있자면 생태계 교란은 시간문제일 듯하다. 아무도 손대지 않은 산의 나무나 들풀은 조만간 그 모습을 달리할 것이고, 동물들의 이동이나 먹이 사슬은 또 어떻게 변해갈지 걱정이 앞선다. 게다가 이러한 무분별한 야간경관 사업은 빛공해에서 그치는 것이 아니라 주간에 보이는 고유의 아름다운 경관을 훼손하기도 한다. 야간경관 개선사업은 필연적으로 조명기구를 설치해야 하며, 이미 만들어진 경관 요소에 더해질 경우 밖으로 드러날 수밖에 없다. 특히 외부에 설치되는 조명기구는 방수, 방오, 방습, 그 외 파손 방지 등의 이유로 생각한 것보다 크기가 크고, 빛의 밝기와 색을 조절하기 위해 이런저런 장치를 붙일 경우 전선이 노출되어 아름답지 못한 형태가 될 수밖에 없다. 인공조명의 혜택에 오랫동안 적응되어 온 우리는 그것이 아무리 사람과 환경에 해를 준다고 해도 빛이 없던 과거로 되돌아갈 수 없다. 빛공해방지법으로 나와 내 먹거리, 내 자산을 지킨 것처럼 나의 주변, 천년만년 지속되어야 하는 환경도 지켜야 한다.

단 로세하르데의 〈GLOW〉와 같이 환경에 해를 주지 않고 지역을 명소화하여 관광객을 머물게 하는 방법은 얼마든지 있다. 우리에게 필요한 건 바람직한 야간경관을 만들어 내는 '빛의 레시피'를 가릴 줄 아는 성숙한 눈이다.

도시 구석구석 감동의 빛을

보스턴 남쪽 워터프론트 지역에 있는 이벤트 공간 '더 론 온 디The Lawn on D'가 관광 명소로 떠오르고 있다. 당초 이곳은 보스턴 컨벤션센터 및 사무실, 주거 건물이 들어서는 개발 부지였는데, 디자인 회사 'SASAKI'에서 실험적인 임시 공간 조성을 제안한 것이다. 잔디광장에는 간단한 게임을 즐길 수 있는 구조물, 고정되지 않은 가구를 두어 자유롭게 공간을 이용하도록 했다. 가장 인기를 끈 것은 색이 변하는 그네로, 사람들이 밤에도 이곳에 오게 하는 요소가 되었다. 이 프로젝트의 디자이너가 의도한 바는 개발하는 동안 도시의 경관이 방치되는 것을 막고, 개발 예정인 지역에 대한 사람들의 관심과 기대를 이끌어 내는 것, 그리고 디자인을 통해 사람들에게 장소에 대한 경험을 만들어 주고자 하는 것이었다.

보스턴은 '빅 딕BIG DIG'이라는 도시 전체를 갈아엎는 듯한 공사를 1991년부터 2007년까지 약 20년 조금 못 미치는 기간 동안 했던 역사가 있어 개발사업은 누구도 달가워하지 않았을 것이다. 'SASAKI'가 무슨 이유로 이러한 프로젝트를 제안하고 실현하게 되었는지 정확히는 알지 못하지만 분명한 건 이로 인해 당 사업지에 대한 인식이 달라졌다는 것이다. 특히 대부분의 개발 부지는 야간 환경의 안전이 매우 취약하다. 주간에도 인적이 드문데 야간에는 말할 것도 없다. 대부분 주간에 공사가 이루어져 야간에 통행량이 없으므로 가로등도 최소한으로 설치하거나 아예 없는 경우가 많다. 그런 의미에서 색색의 그네로, 한적하고 어두운 개발 부지에 사람들이 모이게 하고 관광 명소로까지 이름나게 했다는 사실은 아마도 조명 조형물 중 가장 의미 있는 작품이 아닐까 생각한다. 이제 '더 론 온 디'는 임시 설치물이 아니라 이 지역의 아이덴티티를 나타내는 공간이자 무한한 사고의 확장을 실현하는 혁신 플랫폼으로, 지역사회 행사를 위한 활동의 중심지 역할을 하게 될 것이다.

바르셀로나의 글로리 광장은 프랑스 건축가 장 누벨Jean Nouvel이 설계한 아그바 타워 전면에 위치한다. 낮에는 일반적인 광장의 형태로 그리 특별해 보이지 않지만 밤이 되면 바닥에 설치된 550개의 선형 조명기구가 주변의 소리에 따라 패턴과 색이 변한다. 이 빛의 변화는 여러 소음에 각기 달리 반응하며 사람들은 광장에 설치된 마이크를 통해 광장이라는 공간과 소리로 교감한다. 이 프로젝트는 조명디자인 회사인 'Artec Studio'가 계획한 것으로 〈BruumRuum〉이라는 이름으로 불리며, 바르셀로나를 여행하는 사람들에게 아그바 타워와 함께 방문해야 하는 야간 관광 명소가 되고 있다.

런던의 핀스버리 애버뉴 광장은 2000년대 초반 공공장소가 어떤 역할을 해야 하는지를 깨닫게 해준 조명 프로젝트로 유명하다. 이 광장은 주변이 금융계 건물로 둘러싸여 있는 한적한 광장으로, 2001년 'SOM'이라는 건축설계 회사가 새로운 광장의 이미지를 제안하기 전까지 야간에는 물론이고 주간에도 늘 어둡고 인적이 드물었다. 'SOM'은 광장 바닥의 패턴을 따라 띠 조명을 설치하여 전체 바닥에 다양한 조명의 색이 펼쳐지고, 이는 주변 건물의 유리 앞면에까지 반사되어 온통 컬러 빛으로 물든 공간을 만들었다. 가을에는 단풍으로 물든 주변의 수목과 어울리는 색을 연출하고, 여름에는 푸른빛의 조명으로 그리고 겨울에는 흰색의 조명으로 계절감을 강조했다. 이후 이 광장은 런던의 야간 명소가

Artec Studio의 〈BruumRuum〉

되어 사람들의 발길이 이어지고, 주간에도 주변 건물 사람들이 점심을 즐기거나 이벤트가 열리는 등 공간에 대한 인식이 매우 긍정적으로 변했다.

위의 세 가지 사례뿐 아니라 외국의 경우 조명 프로젝트가 매우 흔하게 시행된다. 공공 프로젝트는 적지 않은 예산과 시간이 투입되지만, 장소의 가치를 만들어 내고 어떤 지역에 대한 사람들의 생각을 바꾸거나 혹은 특정 공간에서 사람들의 적극적인 행동을 유도해 낸다. 하지만 안타깝게도 아직 우리나라에서는 이러한 사례를 찾아보기 힘들고, 빛은 공해의 주범이라는 인식과 양적으로 팽창해 가는 현상을 컨트롤하기에도 바쁜 현실이다. 정량적 가치로 환산되어야 좋은 빛과 나쁜 빛이 판단되고, 고효율은 조명기구의 절대적인 가치로 인식되고 있다. 이제는 이러한 규제와 가이드라인에서 벗어나 사람의 마음을 움직이고 공간과 교감하는 감동의 빛을 도시 구석구석에 만들어 나가야 할 때이다.

우리 어디서 만날까요?

안 본 사람은 있어도 한 번만 본 사람은 없는 영화 〈러브 어페어〉에서 엠파이어스테이트 빌딩은 서로가 운명이라고 생각했던 두 사람의 운명을 바꾸어 놓을 단서를 제공한다. 이 빌딩은 세계 어디에 살던 누구나 아는 상징적인 장소이고, 도시를 공부하면서는 그것이 바로 랜드마크의 기능이라는 것을 알게 되었다.

영화 〈시애틀의 잠 못 이루는 밤〉에서 주인공 샘과 애나도 여러 번의 엇갈림 끝에 엠파이어스테이트 빌딩에서 운명적으로 만나게 된다. 마지막 장면에 장난스러운 음악이 흘러나오며 그림인지 실제인지 모를 엠파이어스테이트 빌딩의 야경이 나온다. 이 영화가 제작된 1993년은 아직 LED를 적극적인 조명 광원으로 사용하던 때가 아니라서 컴퓨터 그래픽일 확률이 높지 않을까 생각한다. 빌딩 입면에 빨간 하트 모양 조명이 빛

엠파이어스테이트 빌딩은 국가나 지자체뿐 아니라 개인도 요금을 지불하면 색조명 연출을 요청할 수 있게 했으며, 홈페이지에서 연출 계획을 확인할 수 있다. 오랜 역사를 가진 빌딩이지만 이러한 이벤트로 야간경관에 변화를 주어 사람들에게 인기를 끌고 있다. 위의 이미지는 43대 미국 대통령 선거 당시 실시간으로 득표율을 적색과 청색으로 점등했던 것으로, 국민들이 선거에 관심을 갖게 하고, 결과를 공유하기 위해 연출되었다.

난다.

실제로 엠파이어스테이트 빌딩은 조명의 색을 통해 매일 도시의 사람들과 소통하고 있다. 본래의 조명은 약간 푸른빛마저 비치는 차가운 백색Signature White(색온도 4500K~5000K)이지만 다른 색으로 변화시켜 메시지를 담아낸다.

국가 공휴일이나 선거 등 국가 행사가 있는 날은 성조기에 들어 있는 빨간색, 백색, 파란색 빛이 켜진다. 미국 최대의 참사 9·11 테러 추모일에도 이 색의 불빛이 들어온다. 영화 〈시애틀의 잠 못 이루는 밤〉의 마지막 장면에서 본 조명은 2월 14일 밸런타인데이에 볼 수 있고, 9월 18일에는 노스캐롤라이나에 허리케인 '플로렌스'가 강타했던 사건을 기억하기 위하여 조명을 켜지 않기도 한다. 때로는 상업적인 메시지를 전달하기도 한다. 2018년 11월 8일 속옷 브랜드 '빅토리아 시크릿'의 패션쇼 날에는 분홍색을, 2018년 10월 30일에는 뮤지컬 〈위키드〉 15주년을 기념하기 위해 초록색과 백색 조명을, 아마존에서 HQ2를 공표하고 축하하던 날에는 오렌지색 조명이 1시간 동안 반짝거리기도 했다.

요즘 도시조명의 트렌드를 꼽아보자면 스마트, 친환경 그리고 소통이다. 광원과 조명제어 기술의 발달로 조명의 색뿐만 아니라 점멸 속도 및 간격, 빛의 밝기 혹은 세기의 변화를 자유자재로 연출할 수 있게 되면서 도시조명은 길이나 나무를 비추는 수동적인 기능에서 움직임에 반응하고 메시지를 전달하는 능동적인 기능으로 진화하고 있다. 이를 기반으로 스마트 라이팅 시스템이나 친환경적인 조명계획도 가능해졌는데, 빛에 의한 소통은 도시공간을 시민의 사적인 세계로 끌어들여 보다 친근하고 호감을 느끼게 하는 역할을 하게 되었다. 맨해튼 시민들은 엠파이어스테이트 빌딩의 조명 변화에 따라 어떤 날은 애국심을 떠올릴 것이고, 또 어떤 날은 슬픈 일, 기쁜 일, 축하할 일들을 간접적으로 경험하고 공감하게 될 것이다.

만약 내가 영화의 주인공이 되어 서울 어딘가에서 만날 약속을 한다면 어디가 좋을까라는 상상을 해본다. 시애틀에 사는 사람도 쉽게 찾았던 엠파이어스테이트 빌딩처럼, 서울이 아닌 다른 도시에 사는 사람이 아는 서울의 랜드마크는 어디일까? 그리고 그곳에서 마지막 장면을 찍는다면 어떤 야경을 상상할 수 있을까? 딱히 떠오르지 않는 건 아직 서울이 내 마음에 들어온 사적인 공간이 아니기 때문일 것이다. 혹은 서울의 야간경관을, 기능을 우선해서 바라보고 있는 내 직업의 한계일지도 모르겠다.

나와 소통하는 도시조명

캐나다 퀘벡주 몬트리올의 세인트로렌스강을 가로지르는 자크 카르티에 브리지는 몬트리올의 통근자들이 거의 매일 사용하는 다리로, 매년 여름 열리는 몬트리올 국제 불꽃놀이 축제가 진행되기도 하는 곳이다. 2017년 캐나다 150주년, 몬트리올 375주년을 기념하여 철골 구조의 다리에 조명을 설치했는데 이것이 또 하나의 랜드마크가 되었다.

이 프로젝트는 오랜 역사를 가진 도시로 유명한 몬트리올에 새로운 이미지를 부여하여 창의적이고 기술력의 선봉에 있음을 알리고자 'Living Connection(살아있는 연결)'이라는 콘셉트로 도시의 사람과 환경이 실시간으로 소통하고 있음을 표현했다. 철골조를 비추는 일반 조명은 고유의 물성과 형태를 강조하며, 골조의 외부에 설치된 LED 조명기구는 컬러를 통하여 일몰시 하늘의 색감이나 계절감을 표현하고, 정해진 시간

자크 카르티에 브리지는
SNS에서 공유되는 시민들의 감정 언어를 수집하여
교량의 색조명으로 연출한다.

에는 날씨와 교통량 등에 대한 정보도 표출한다. 또한 SNS에서 공유되는 시민들의 감정 언어를 수집한 미디어 빅데이터가 조명의 점멸 속도나 세기, 움직임의 범위에 반영되어 개인이 도시가 연결되어 있음을 시각적으로 확인할 수 있도록 했다.

이러한 인터랙티브한 조명기술은 최근 세계 여러 도시의 랜드마크에 적용되고 있다. 미국 멤피스의 미시시피강을 가로지르는 하라한 브리지, 크리스티의 하버 브리지도 도시의 특별한 행사가 있는 날, 공휴일, 그리고 특정한 시민들의 요구에 의해 조명의 색과 움직임을 달리함으로써 상징성을 더하고 도시와 시민의 유대감을 형성하는 데 큰 역할을 하고 있다.

필자가 개인적으로 좋아하는 인피니티 브리지는 원래 노스 쇼어 브리지로 불리는 다리로, 영국의 스톡턴 지역의 '티스밸리Tees Valle' 도시재생 프로젝트의 일환으로 계획되었다. 산업도시 이미지를 변화시킬 정도의 도시의 랜드마크가 되도록 설계했다. 위에 언급한 3개의 다리가 '기능 위주의 투박한 철골 구조'에 새로운 이미지를 덧입음으로써 시각적, 개념적으로 변신을 했다면, 인피니티 브리지는 형태나 공법, 그리고 적용된 조명기술에 이르기까지 모든 것이 '신기술'이라는 점이 다르다.

인피니티 브리지가 랜드마크가 된 가장 큰 이유는 비대칭의 아치가 그려내는 극적으로 미니멀한 곡선의 형태 때문일 것이다. 다리가 수면에 반사되어 보이는 이미지가 수학기호 인피니티를 연상하게 하여 인피니티 브리지라는 별명을 갖게 되었다. 밤이 되면 아치의 우아한 선이 흰색

인피티니 브리지

빛으로 강조되며 수평의 거더와 바닥이 풍부한 컬러빛으로 물든다. 다리를 건너는 사람들은 수평의 컬러와 하얗게 드러나는 아치의 대비가 이루는 세련된 이미지에 감동할 수밖에 없다. 더불어 사람과 자전거만이 통행할 수 있는 인피니티 브리지는 보행자의 움직임에 맞추어 바닥 조명의 밝기가 달라져 함께 호흡하는 듯한 느낌을 준다.

도시에 거주하는 사람들이 늘어가고, 그들의 생활방식이 다양해지면서 환경의 역할도 능동적으로 변해 가고 있다. 그에 따라 도시조명도 야간경관이라는 이미지에 머무는 것이 아니라 다양하게 변신하여 적극적으로 대응해 나갈 수 있도록 해야 하는 것이 아닐까. 시각적인 경험과 감동이 있어야 랜드마크가 될 수 있고, 그 경험은 때와 상황에 따라 달라져야 큰 감동을 줄 수 있을 것이다. 과거에는 밝게 비추고, 눈부심을 없애고, 빛공해만 아니면 되었던 도시조명이 이제는 도시의 아이덴티티

보행교인 인피니티 브리지는
다리를 건너는 보행자의 움직임에 따라
바닥을 비추는 파란색 조명이 점멸한다.

를 표현하고 도시 경제를 활성화시키는 역할까지 하게 되었다. 더 나아가 조명에 대한 다양한 요구에 능동적으로 대응해야 하는 상황에 이르렀다. 아직도 어떤 지자체는 빛공해 혹은 난립하는 도시 빛요소 규제를 위한 제도를 만들고 있지만 한쪽에서는 전혀 다른 방향으로 고민을 하고 있다. 새로운 조명기술의 도입을 통한 능동적인 도시조명을 제안하기 위해서 야간경관에 대한 시민들의 다양한 의견을 들을 수 있는 경로가 필요하다.

사람을 위한 조명

'조명'이라는 주제는 관련된 일을 하는 사람 아니고는 대화하기가 어렵고, 내가 어떤 일을 하는 사람인지 설명하는 것도 쉽지 않다. "조명 일을 하고 있습니다"라고 이야기하면 받는 질문이 "거실등, 식탁등, LED?"이다. 그도 저도 아니라고 하면 "다리, 건물 조명, 뭐 이런 거요?"라고 묻는다. 내가 어떤 일을 하는지 설명할 때 조명이 우리에게 어떻게 이로운지, 어떻게 하면 해로운지를 이야기하지 않을 수 없다. 조명이 만들어 주는 '밝음'에 취해 마구잡이로 펼쳐놓으면 언젠가 해가 되는데, 조명기술과 사람 그리고 환경에 대한 전문지식을 바탕으로 사람에게 이로운 방법을 택하는 일을 한다고 하면 그제서야 고개를 끄덕인다.

우리는 인공조명의 혜택 속에서 살아간다. 조명이 어두운 거리를 밝혀주어 안전하게 야간활동을 할 수 있게 되었을 뿐 아니라 주변 환경의 아름다운 야간경관을 즐기는 일도 가능해졌다. 동시에 우리는 인공조명의 피해 속에서 살아가는 것도 사실이다. 공기나 소음, 눈에 보이지도 않는 미세먼지는 측정해 가면서 경계하는 데에 반해 조명이 우리에게 미치는 영향에 대해서는 비교적 무심하다.

LED의 출현은 단순한 광원의 발전 혹은 세대교체가 아니라 메커니즘의 변환이다. 빛을 만들어 내는 원리가 달라져 얻어내는 빛에 대한 질도 제각각일 수 있다. 그래서 생긴 결과가 같은 와트수의 LED라도 우리 동네는 어두운데 옆 동네는 밝을 수 있는 것이다. 청색광에서 출발한 LED의 특성 때문에 따뜻한 빛을 얻으려 상대적으로 많은 에너지를 써야 하기에 효율이 떨어진다. 가격이 올라가 적은 예산으로 구입이 가능한 푸른빛의 LED 가로등이 도시에 들어오면서 동식물 그리고 사람의 안질환을 일으키는 요인이 되었다. 이는 조명의 과도한 밝기, 빛퍼짐 현상에 의한 빛공해와는 또 다른 피해인 것이다.

미래의 조명 방향은 'HCLHuman Centric Light'이라고 한다. 이제까지의 조명기술 발달의 방향은 광학적 특성의 개선, 즉 단위 에너지당 발광량을 늘려 고효율이라는 이름을 붙이고 장려하면서 에너지를 절감하는 데에 주력했다. 도시조명 정책의 방향도 이것을 적극적으로 적용하여 에너지를 절감하고, 더 나아가 스마트 라이팅 시스템의 도입을 이루어냈다. 결과적으로 도시는 야간경관을 통해 가치를 높일 수 있었고 이를 관리 감독하기 용이한 가이드라인이 마련되었다.

HCL의 개념은 환경이 아닌 사람을 위한 조명이다. 과거 자연광 아래에서 시시각각 다른 조도와 색온도에 적응하면서 살던 사람이 인공조명의 같은 조도, 색온도 아래에서 장시간 생활하게 되면서 발생할 수 있는 생체주기 문제에 대해 그 기본을 둔다. 국제우주정거장과 같이 인공적으로 자연환경을 만들어 주는 공간에는 이미 도입된 개념이다. LED와 컨트롤 기술의 발달로 라이팅 시스템을 조정할 수 있게 되면 아침과 저녁에는 낮은 색온도의 조명을, 정오에는 높은 색온도의 빛을 실내에 적용하여 생체주기와 조화를 이룰 수 있다. 또한 밤에는 조도 및 색온도를 낮추고, 밝기가 필요한 공간에만 빛을 공급하여 안전한 시야를 확보할 수 있도록 한다.

지금 서울시에서는 스마트 라이팅 시스템의 도입 및 공간별 새로운 색온도 기준을 수립중이라고 한다. 이러한 노력들이 기술력의 과시가 아닌 사람을 위한 도시가 되기 위한 것이라 믿고 싶다.

도시조명 감시단

멘데 가오루面出 薰는 일본의 조명디자이너로 일본뿐 아니라 싱가포르 등에서 글로벌하게 활동하고 있다. 2018년 싱가포르에서 트럼프 대통령과 김정은 위원장이 만나 1차 담화를 나누기 전날 김정은 위원장이 수행원들과 돌아본 마리나 베이 샌즈 지역의 야경이 그가 수행한 프로젝트 중 하나라고 하면 좀 쉽게 다가올지도 모르겠다. 특이하게 그는 디자인뿐 아니라 교육, 비평 등 다양한 분야에 활동하고 있어 그의 행보에 관한 글이 올라오면 세심하게 보는 편인데, 최근 'Light Detectives(조명감시단)'라는 단어와 함께 그의 글을 접하게 되었다.

"20세기 도시는 빠른 발전을 이루고, 우리가 사는 환경은 점점 빛이 많아지고 있는데 그 빛들은 '빛공해' 혹은 '빛의 과잉'으로 불리고 있다. 과연 이 빛들은 우리에게 행복을 주고 있는가?"로 시작되는 홈페이지

인사말에서 그는 이론이나 관념으로 도시의 야간 상황을 판단하기보다는 직접 걸어 보면서 판단하는 '조명 감시단'으로서의 참여를 권한다. 우리가 사는 도시의 야경을 이야기할 수 있는 장을 열고, 각자의 빛환경적 특성을 공유하며 더 좋은 빛환경을 만들어 보자는 것이 '조명 감시단'이 시작된 목적이다. 이미 20여 년 전에 시작되어 일본뿐 아니라 코펜하겐, 뉴욕, 마드리드, 방콕, 대만 등에서 활동하는 조명디자이너들이 그 뜻을 같이하고 있고, 파나소닉 등 약 20개의 조명관련업계의 후원을 받아 비영리로 운영되고 있다.

디자인 분야에서 사례 이미지는 매우 흔한 단어이고 컴퓨터를 사용하고부터는 먼지보다 많을지도 모른다. 그 흔한 사례 이미지가 소용없는 유일한 디자인 분야가 조명일 것이다. 예전에 공부하던 시절, 소프트 라이트, 하드 라이트에 대한 사례 이미지를 찾아오라는 숙제가 있었다. 그러면서 "꼭 너의 눈으로 본 것을 사진으로 담아 오라"는 주문을 듣고 '참 비효율적인 주문을 하네'라고 생각했다. 숙제를 하루 만에 해야 했고, 해진 뒤 시간이 짧은 여름에 주제와 맞는 좋은 야경 사진을 얻는 것은 여러 날이 걸리는 일이라 자연히 정보의 바다를 이용할 수밖에 없었다.

나의 과제를 훑어본 교수가 사진 속 장소가 어디인지를 물었고 쉽게 답할 수 있었다. 문제는 어떤 점이 소프트하게 혹은 하드하게 느껴졌는지, 왜 그렇게 느꼈는지, 그 공간에 얼마나 머물렀는지, 주변은 어떠했는지를 물어오는데 나는 이실직고 할 수밖에 없었다. 그제서야 왜 직접 보고 느낀 것을 담아 오라고 했는지 이해되었다. 이제는 내가 강의를 할 때 학

생들에게 같은 숙제를 내주고, 같은 질문을 한다.

도시마다 도시의 독특한 경관을 강조하기 위한 야간경관 가이드라인이 수립되어 있다. 아파트와 같은 공동주택이나 상업건물뿐만 아니라 도로나 공원, 문화재 그리고 수변 등 경관요소에 대한 야간경관 지침이 포함되어 있다. 예를 들어, 공동주택의 경우엔 침입광이나 상향광과 같이 직간접적으로 건강을 위협할 수 있는 빛공해에 대한 지침이 주로 있고, 도로는 안전을 위한 밝기와 균제도, 광장이나 공원은 안전과 더불어 공간을 시각적으로 경험하도록 다양한 빛을 제공하도록 한다. 더불어 생태보존지역이나 생산녹지지역은 최소한의 빛을 두도록 권장하고 있다. 이러한 가이드라인을 공지하고 심의라는 과정을 거쳐 관리하고 있으나 도시의 밤은 점점 밝아지고 있다. 의미 없는 빛요소의 수적 과잉과 경쟁적으로 밝아지는 빛, 그리고 계획 없이 설치하는 조명기구들로 인해 빛공해가 심각해지는 것이다. 필요한 빛과 필요하지 않은 빛으로 세심하게 구분하는 일은 쉽지 않다.

멘데 가오루가 일찍이 '조명 감시단'을 조직하고, 전문가뿐만 아니라 각계각층의 시민들을 모아 거리를 걸으며 직접 도시 야경을 보고 느낀 것에 대해 이야기를 나누기 시작한 것은 또 다른 방식의 야간경관 계획일 것이다. '도시조명 감시단'은 도시의 아름다운 야간경관을 위하여 조명을 계획하고 현실화하는 것보다 더 필요한 일인지도 모른다. 빛을 밝히는 것보다 어둠을 만드는 일이 더욱 의미 있는 야간경관 계획이 아닐까.

4

빛의 예술

예술작품이 된 조명

현대미술을 정의하는 것은 쉽지 않다. 어떤 이는 개념미술이라는 용어를 써서 설명하고, 어떤 이는 20세기 후반이라는 시기로 정의하고자 한다. 또 어떤 이는 마르셀 뒤샹Marcel Duchamp의 〈Fountain〉이 변기가 아닌 작품으로 인정받은 사건을 현대미술의 시작이라고 이야기하기도 한다. 미술사 쪽으로는 공부가 짧아 어떤 것이 옳은지 잘 개념이 생기질 않는다. 나에게 굳이 묻는다면 다양한 미디어를 통해 다양한 방식으로, 다양한 결과물의 형태를 보이는 것이 현대미술이 아닐까?

조명예술은 빛을 작품의 주요 매개체로 하는 예술 장르를 말하며, 빛 자체 혹은 색, 그림자 등 빛을 통해 만들어지는 모든 형태뿐 아니라 실물이 존재하지 않더라도 그 존재가 인정되는 시각예술을 포함한다. 조명예술은 빛이 고유의 광량(밝기)과 지속성이 보장된 조명이 된 다음에야 시도되었으니 우리에게 그리 익숙한 장르의 예술은 아니다. 빛 자체보다는 조명기술에 의한 미디어아트에 비하면 더더욱 생소한 예술 분야인 듯하다. 미디어아트는 작품이 어떤 형태이든 미디어를 사용한다고 포괄적으로 정의한다면, 조명예술은 빛을 매체로 한 미디어아트여서 그 구분이 모호할 수 있다. 그러나 통용되는 바와 같이 미디어아트를 사진이나 영상, 비디오 그리고 컴퓨터 프로그램을 기반으로 하는 예술작품이라는 좁은 의미로 사용한다면 조명예술은 미디어아트와 아주 다른 영역이라고 할 수 있다.

조명이 예술작품에 등장한 최초의 사례는 1923년 엘 리시츠키El Lissitzky의 〈Proun Room〉이다. 그가 구성한 공간의 천장에는 조명이 설치되어 있고, 배경과 작품을 모호하게 만들었으며, 관람자의 시선을 작품에 개입시킨 최초의 3D 회화이다. 미술사가들 사이에서 더 유명한 작품이다. 우리에게 익숙한 형태의 조명예술 작품은 라즐로 모홀리나기László Moholy-Nagy의 〈The Light-Space Modulator〉가 최초인 듯하다. 다양한 재질과 투명도, 형태를 보이는 금속 조각들을 조합하고 거기에 빛을 비추어 그림자에 의해 다르게 표현되는 공간이 작품이다.

제임스 터렐James Turrell이나 제니 홀저Jenny Holzer 등 대부분의 조명예술가는 다루기 편하고, 어떤 초점을 향해 빛을 비추는 성질을 갖는 지향성의 광원인 백열등을 주로 이용한다. 제임스 터렐은 인공조명을 사용했으나 그 정체를 알 수 없고, 설치 방법도 알 수 없다. 오히려 인공광원을 자연광원인 양 사용하려고 했던 흔적이 느껴진다. 어쩌면 그의 작품은 자연광원일 때 작가의 의도가 더 잘 전달될 수 있을지도 모르겠다. 그는 사람의 시지각과 공간 그리고 빛이 만들어 내는 현상을 통해 실재하는 것과 관념적인 것들이 우리 주위에 동시에 존재함을 보여 주고자 했다. 반면 댄 플래빈Dan Flavin은 형광등을 이용한 것으로 유명하다. 지향점 없이 자체 발광하는 선형의 광원은 설치되는 면의 성질 혹은 설치되는 방식에 따라 공간과 결합하여 놀라운 시각적 결과물을 제공한다. 사람의 시각은 빛에 의해 다양한 경험을 하며, 시각을 통해 받은 정보는 '앎'에서 '느낌'으로 전달된다. 이렇게 광원과 피사체가 분리되지 않은 새로운 형태의 조명예술은 조명 조각품Light Sculpture로, 기존의 조명 설치 작업인 조명 조형물Light Installation과는 다른 개념이라고 볼 수 있다. 이 두 작가의 작품 어디에도 하이테크의 흔적은 찾을 수 없다. 그저 ON과 OFF에 의한 작품의 시작과 마침이 존재할 뿐이다.

브루스 먼로Bruce Munro의 작품은 위 두 작가의 작품과는 완전히 다른 감흥을 준다. 우선 그의 작품은 자연에 대한 고찰에서 비롯된다. 그래서 그의 작품은 외부에 설치되어 대자연의 일부가 된다. 호주 울룰루, 뉴욕 롱우드 가든, 영국 '에덴Eden' 프로젝트에 설치되었던 〈Field of Light〉이나 〈Water Tower〉, 〈CDSea〉와 같은 작품을 보면 자연광의 현상을 우리 주변의 매체를 이용하여 재현함으로써 흔한 감동을 특별한 경험으로 변화시키고 있다.

제주LAFLight Art Festa에서 그는 〈Oreum〉이라는 제주도의 고유한 지형을 작품 제목으로 설치 작업을 하기도 했다. 3만 개라는 엄청난 조명

브루스 먼로의 〈Oreum〉

조형물을 이용하여 대지와 빛과 바람이 연출하는 자연의 현상을 엄청난 감동으로 경험하게 한다. 브루스 먼로는 작품을 설치할 곳으로 제주를 염두에 두고 3년간 지속적으로 방문하며 공을 들였다고 한다.

이 외에도 브루스 나우먼Bruce Nauman, 트레이시 에민Tracey Emin, 글렌 리곤Glenn Ligon 등은 네온을 이용한 조명예술가이며, 백남준과 오노 요코는 비디오아티스트이다. 조명이 사진이나 영상 기술에 이용되고, 관련 분야의 기술적 발전이 이루어지면서 생겨난 새로운 조명예술의 한 분야라고 할 수 있겠다.

대부분 실내에 전시되었던 조명예술 작품들이 공공을 위해 도시경관 속에 들어온 건 LED의 출현과 무관하지 않다. 온도, 습도에 민감하고 눈, 비에 취약한 기존 광원과는 달리 LED는 외부 환경에 적합한 광원일 뿐 아니라 크기가 작고, 가볍지만 광량은 커서 다양한 형태로 조각품이나 설치물 안에 일체화하기 쉬운 장점이 있다. 최근에는 모니터, 디스플레이 보드 형태로 나와 큰 면을 가진 미디어 구조물이 출현했고, 예술작품을 위한 플랫폼으로도 가능해졌다. 이렇게 다양한 형식의 조명예술은 도시를 순식간에 문화예술의 장이 되도록 했다.

피에르 비방Pierre Vivant의 〈Traphic Light Tree〉는 75개의 신호등이 설치된 8m 높이의 공공 조명예술 작품이다. 신호등을 소재로 가로수 플라타너스 형상을 모방하고 빛의 점멸로 도시의 끊임없는 리듬을 반영했다. 당초 공해에 시달리는 플라타너스 사이에 설치하고 빛의 점멸에 금융 정보를 연동하고자 했으나 예산 문제로 이루어지지는 않았다. 원형 교차로에 설치되어 실제 신호등과 혼동을 준다는 비판도 있었으나 현재는 시민들이 좋아하는 작품으로 손꼽힌다.

공간을 재정의하다

롯데월드타워 7층에 롯데뮤지엄이 오픈했을 때, 개관전시로 댄 플래빈Dan Flavin이라는 조명예술가의 작품을 선보였다. 우리나라에서 조명예술 작품 전시를 보는 일은 꽤 드문 일이다. 2016년 말 리움미술관에서 올라퍼 엘리아슨Olafur Eliasson의 전시를 본 이후 처음이 아닌가 싶다. 댄 플래빈은 제임스 터렐James Turrell과 함께 최고의 조명예술가라고 할 수 있다. 강원도 원주의 뮤지엄 산에 제임스 터렐의 상설 전시관이 생겨 약간의 시간을 투자하면 쉽게 즐길 수 있는 반면 댄 플래빈의 전시는 앞으로도 보기 쉽지 않을 듯하다.

내가 댄 플래빈 작가를 처음 접한 건 1999년 조명을 공부하러 뉴욕에 갔을 때 첼시의 허름한 전시공간에서였다. 지금은 하이라인파크나 미트패킹 디스트릭트 등 성공적인 도시재생 사례로 자주 매체에 오르내리는 창고밖에 없었던 우중충한 맨해튼 서부 첼시 지역을 돌아다니던 중 묘한 색의 빛이 새어 나오는 건물을 발견하고 들어갔다. 전시공간이라고 쓰여 있었고 작가의 이름은 댄 플래빈이었는데 작품이 없었다. 관계자에게 물었더니 옆문을 가리키며 문을 열고 계단실로 가라고 했다. 벽의 페인트가 벗겨지고 바닥 타일이 깨진 계단실은 조명을 꽤 감각 있게 해 놓았을 뿐 어디에도 작가의 작품은 찾을 수가 없었다. 주차장이나 창고에 쓰는 일반 형광등에 색을 넣어 계단 구석에 수직으로 배치했을 뿐인데 층이 분절된 듯이 보였다. 지루한 계단 오르기가 즐거웠고, 외부에서 보이는 모습도 꽤 흥미로웠다. 알고 보니 계단실 조명이라고 생각했던 그것이 작품이었다.

뉴욕 외곽의 디아비컨 미술관에서 댄 플래빈의 작품을 접하기 전에는 산업재 형광등을 통하여 예술 속에 담긴 깊이를 조롱하는 미니멀리즘 작가로만 알고 있어서 조명디자이너들이 왜 그를 그리 높게 평가하는지 의아했다. 책을 통해서 접한 형광등의 이차원적인 배열이 주는 감흥은 현대미술이 그러하듯이 작가의 숨겨진 이야기를 듣기 전까지 자기 유희라고 생각하기도 했다.

디아비컨에서 내 눈으로 경험한 그의 작품은 공간에 대한 재정의였다. 형광등이라는 일상에서 쉽게 접했던 매체를 단순하게 설치하는 방법으로 빛이라는 현상에 의한 공간의 의미를 확장했다. 댄 플래빈이 그의 작품에서 예술의 심오함을 걷어내고 현상을 통한 감각과 의식을 일깨워 그 경험을 확장하려고 했던 의도대로 나는 이론으로만 알고 있었던 시

댄 플래빈, 〈Untitled〉, 1970

댄 플래빈, 〈Untitled(to the real Dan Hill)〉 1b 1/5, 1978, Dia Beacon 소장

지각의 허구, 뇌에 의한 재구성을 경험했다.

조명예술에 대한 정의는 대단히 포괄적이어서 빛 혹은 조명을 이용한 모든 예술을 그렇게 부르고 있는 것 같다. 하지만 만약 나에게 그 의미를 정할 권리를 준다면, 빛에 의해 공간이 재정의되는 현상을 시각적으로 경험할 때, 그리고 그 경험이 하나의 경이로운 감정을 내부에 만들어 낼 때, 그것을 '조명예술'이라고 정의하고 싶다.

롯데뮤지엄에서 댄 플래빈의 작품을 보면서 이전의 나와 지금의 나를 발견한다. 하지만 댄 플래빈의 전시는 너무 많은 생각을 하며 보지 않아도 좋다. 보이는 경험을 즐기고 조금 감동하면 된다.

야간경관과 미디어아트

과학의 발달은 인간이 기계와 소통하여 감동과 위로를 받을 수 있게 만들었다. 인간의 사회적 욕구가 반드시 인간 속에서 이루어져야 하는지 의문마저 든다.

요즘 조명 분야의 키워드도 단연 미디어 파사드 혹은 미디어아트이다. 물론 이 용어들은 지나치게 확장된 정의이거나 오용되기도 하지만 우리는 모두 알아듣는다. 무얼 말하는지 좀더 명확하게 전달하려고 디지털 아트, 인터랙티브 아트라는 용어를 쓰면 고개를 갸우뚱한다. 흔히 우리가 말하는 미디어 파사드는 미디어아트를 연출하기 위한 도화지이며, 미디어아트는 컴퓨터를 기반으로 작업하고, TV나 신문 등 대중매체를 도구로 이용한 예술작품이다. 컴퓨터는 전기가 있어야 구동이 되고 빛이라는 형태로 표출되기 때문에 조명의 영역 속에서 다루어지는 경우가 많다.

건축물을 디자인할 때 미디어 파사드를 고려할 경우, 주간과 야간 이미지가 매우 달라지는 특징을 갖는다는 사실을 이해하는 것은 매우 중요하다. 미디어 파사드는 주간에는 아무 기능이 없을 뿐 아니라 여러 가지 디자인적 제약을 야기시킨다. 반면 일몰 후에는 매우 능동적으로 주변 환경에 영향을 주며 운용 방식이나 콘텐츠에 따라 건축물 전체의 이미지까지 다르게 보이도록 하는 힘을 가진다. 또한 어떤 미디어 파사드 기기, 형식을 택하는가에 따라서 내부에서 전망을 포기해야 하는 상황이 생길 수 있고, 기기의 잔광이 실내로 유입되어 일몰 후 실내공간 사용자들에게 피해가 가는 상황도 생긴다. 대형건물의 입면 전면에 미디어 파사드를 계획할 경우 먼저 커튼월 창틀에 조명을 설치하는 방법을 검토하는데 실내에서 나오는 빛이 미디어 파사드에 연출되는 이미지에 영향을 주어 외부에서 의도한 이미지를 보기 어려운 사례도 발생한다. 서울시의 경우 미디어 파사드를 설치할 수 있는 지역, 휘도 기준에 대한 가이드라인을 두고 있어 주변 빛환경이나 실내조명을 고려하여 무한정 밝게 미디어 파사드를 연출하고 운용하는 것은 불가능하다.

최근에는 미디어 파사드 외에 미디어 월, 미디어 타워, 미디어 폴, 조명조형물 등 다양한 미디어 구조물들이 생겨나고 있어 도시의 밤은 더욱 볼거리가 많아질 전망이다. 이렇게 다양한 빛요소들을 어떤 식으로 관리해 나갈지, 또 관리하는 것이 맞는지 고민이 되기도 한다. 예술매체가 늘어나면 도시의 가치가 높아지고, 미디어아트의 경우 많은 사람이 평등하게 예술을 향유하게 된다는 차원에서 매우 고무적인 일이나 주변과 조화롭지 못할 경우 없느니 못한 상황이 될 것이다. 미디어 파사드와 같이 면적이 넓을 경우 하드웨어의 형태나 위치 등 물리적인 특성이 다양한 방식으로 주변에 영향을 주게 된다. 면적이 좁을 경우에도 표출되는 빛의 세기나 색상, 움직임이 눈부심이나 환영 등 시각적인 오류를 만들어 낼 여지가 커서 미디어 콘텐츠에 대한 관리가 더욱 절실하고 중요하다.

미디어아트는 작품의 의도를 전달하기 위해 폭넓게, 반복적으로 표출하는 특성이 있으며, 시각 효과를 크게 하기 위한 여러 가지 기법을 동원한다. 90년대 이후 컴퓨터의 발달로 디지털 시대가 되면서 미디어아트의 콘텐츠는 하드웨어의 발전에 맞추어 발 빠르게 진화해 왔다. 예를 들어 텍스트를 작업 재료로 사용하는 작가 제니 홀저Jenny Holzer는 제논Zenon이라는 백열등에 의존한 프로젝터로 공공 영역에 거대한 크기의 짧은 텍스트를 흑백으로 프로젝션했다. LED가 개발된 이후로 작가는 컴퓨터로 조절되는 전광판을 이용하여 작은 크기의 텍스트로 이루어진 상투적인 글귀를 빠른 속도로 지나가게 했으며, 여기에 원색의 강렬한 빛과 조형미를 더했다. 이전의 작품은 빛공해나 안전을 위협하는 수준의 빛요소가 아니었으나 미디어 기술의 발달은 시각적인 피해를 야기할 수 있게 된 것이다.

이렇듯 기술의 발달은 도시경관적 측면에서 콘텐츠의 적합성과 부적합성을 판단하기 어렵게 만들었다. 게다가 콘텐츠에 대한 예술성, 환경이나 사람에게 미치는 영향을 가늠할 수 있는 기준이 없으며, 미디어아트에 내재되어 있는 기술적, 예술적 특성을 파악할 수 있는 전문가 그룹도 충분하지 않은 것이 사실이다. 점점 발전하고 다양해지는 미디어 구조물이 도시 야간경관의 가치를 만들고 도시 사람들에게 피해를 주지 않기 위해서는 빛요소로서만 바라볼 것이 아니라 적극적인 시각 매체로서 전문적으로 심도 있게 다루어져야 한다.

서울로미디어캔버스 프로젝트에서 전시된 홍유리 작가의 미디어아트 작품. 어두운 옛 서울역사의 옥상에 이미지를 프로젝션하여 서울로를 걷는 사람들이 볼 수 있도록 했다.

미디어 파사드와 예술성

KTX 서울역에 내리면 처음 마주치는 것이 서울스퀘어의 거대한 미디어 파사드이다. 거대한 직사각형 건물에 대우 마크가 붙었을 때부터 참 볼품없는 무성의한 건축이라고 생각했다. 내부를 사용할 때는 효율적일지 몰라도 도시경관적으로, 특히 지방에서 서울로 들어오는 관문으로 마주하기엔 아무런 감동을 주지 못하는 건물이었다.

2009년경 그 건물 전면 전체에 미디어 파사드를 설치할 건데 어떻게 생각하냐고 물었다. 당시에는 미디어 파사드가 그렇게 거대하게 설치된 적이 거의 없어서 상상이 가질 않았다. 외국에서도 사례를 찾아보기 힘들 정도로 크기가 어마어마했을 뿐 아니라 위에서 언급했듯이 서울로 들어와 처음 맞는 인상일 텐데 신중하게 의사결정이 이루어져야 할 것 같다는 비겁한 의견을 주었던 것으로 기억한다. 여러 자문위원과 시민들이 의견을 주었을 텐데 결국 설치가 되었던 가장 큰 이유는 서울의 야간 볼거리를 창출하자는 것이었으리라 생각한다. 당시 '고품격 디자인 도시 서울'을 외치며 디자인서울총괄본부를 두고 디자인 분야 교수가 부시장급 본부장의 책임을 맡았던 시기였으니 서울의 이미지 변신을 위한 대대적인 공공디자인 사업들이 실현될 때이기도 했다.

서울역을 나서며 마주한 줄리안 오피Julian Opie의 〈걷는 사람들〉은 감동이었다. 우선 크기에 압도당하고, 그 움직임이나 색, 주제, 표출되는 모든 것이 서울의 명소라고 부르기에 손색이 없었다. 흉물이라 여겨왔던 그 커다란 면이 이렇게 훌륭한 미디어 캔버스가 될 줄은 몰랐다. 가끔 보여주는 미디어 쇼를 보기 위해 시간 맞추어 기차를 타고 내리기까지 했다. 지금 보면 LED 기술이나 컨트롤 방식, 취부 방식이 세련되지 못하고 투박한 감이 있지만 그 당시에는 최선이었으리라 믿는다. 밋밋한 서울스퀘어 건물이 사람들의 주목을 받으며 한동안 미디어 파사드에 대한 관심이 대단했다. 서울시에서 마구잡이로 생겨나는 크고 작은 미디어 파사드를 지침과 심의로 거르지 않았더라면 지금 서울이 어떤 모습이 되었을지 궁금하기도 하다.

서울에서 미디어 파사드를 설치하려면 우선 설치 허용 구역인지를 살펴야 한다. 북촌이나 서촌, 인사동 등 역사 특성 보전지구 및 문화재 보호구역은 절대 금지지역이지만 이미 상권이 형성되어 경관조명이 활성화된 지역은 예외적으로 허용할 수 있다. 일반적으로 설치가 가능한 지역은 조명환경관리 구역상 4종에 속하며 25m 이상의 도로에 면하여야 하는데 명동이나 북창동, 동대문 패션타운, 잠실 등 관광특구는 대로에 면하지 않더라도 설치가 가능하다.

미디어 파사드 설치에 있어서 흔히 간과하는 부분은 어떤 콘텐츠를 송출할 것인가에 대한 계획이다. 미디어 파사드만 설치하면 어떤 내용이든 송출할 수 있다고 착각하는데 절대 그렇지 않다. 미디어 파사드 심의를 해보면 조명 설비나 휘도, 색상, 속도, 점멸 등의 문제는 거의 없다. 반려되는 가장 큰 이유는 운영계획 부분이다. 어떤 콘텐츠를, 몇 분 동안, 몇 분 간격으로 송출할 것인지, 관리주체는 누구인지, 운영 예산은 어떻게 편성되어 있는지에 대한 계획 없이 설치된 미디어 파사드가 도시경관에 어떤 영향을 미칠지 판단할 수가 없기 때문이다. 콘텐츠에 있어서 자사 광고, 공익광고를 꿈꾸는 사례도 많다. 안타깝지만 절대 불가하다. 광고를 송출하게 되면 디지털 광고판이라 불리며 다른 법을 적용받는다. 당연히 관리, 심의 주체도 달라진다. 미디어 파사드는 예술성이 있어야 하고 주제가 공공성에 부합해야 한다. 저명한 예술가의 작품이라도 혐오스러운 내용이나 표현을 담은 작품은 송출하기 어렵다. 미디어 파사드 면의 크기 해상도에 따라 별도의 콘텐츠 제작이 필요하기 때문에 하나의 콘텐츠를 여기저기에 사용하기 어렵다. 따라서 콘텐츠 제작비용이 만만찮게 들어갈 수 있다.

서울스퀘어의 미디어 캔버스가 다시 가동되면서 가장 안타까웠던 부분은 표출되는 미디어아트의 작품 수준이 많이 낮아졌다는 점이다. 워낙 여러 개의 작품이 송출되고 있어 다 본 것은 아니지만 〈걷는 사람들〉 정도는 아닐지라도 활발히 활동하는 국내 미디어 아티스트 작가들의 작품을 볼 수 있게 되기를 조명 전문가가 아닌 서울시민의 한 사람으로서 바란다.

한때 에너지절약 캠페인을 벌이며 야간경관 계획이 위축되고 미디어 파사드도 '하지 말자'는 분위기였던 것에 대해 깊은 유감을 표한다. 우리가 진행하는 프로젝트의 건축가가 "요즘 서울시에서 미디어 파사드 하지 말자는 추세죠?"라고 물어서 깜짝 놀란 적이 있다. 감히 말하건대, 서울시에서 야간경관에 대하여 무엇인가를 하자, 하지 말자고 표현한 적은 없다. 다만 앞서 언급했듯이 도시의 강력한 문화예술 코드로서 미디어 파사드가 역할을 해주기를 기대하며 지속적인 운용을 가늠할 수 있는 계획이 포함되어야 한다는 것을 강조한다. 그렇지 않고서는 미디어 파사드가 도시 야간경관의 역할을 제대로 해낼 수가 없고 오히려 흉물이 될 뿐이기 때문이다.

인천공항 제2여객터미널이 개장하면서 세계적인 공항으로 도약하기 위해 내세운 전략은 '아트 포트Art-port'이다. 예술작품을 통한 다양한 시각적 경험은 인천공항을 긍정적으로 평가하는 데에 도움을 줄 수 있다. 도시에서 미디어 파사드가 해야 할 역할이 바로 이런 것이다.

도시를 살리는 빛축제

밤에 놀거리, 볼거리를 만들어 도시의 가치를 높이고, 관광객을 끌어들여 지역경제를 활성화하려는 도시들의 노력은 '빛축제'라는 새로운 문화를 낳았다. 가장 오랜 역사를 가진 리옹 빛축제가 1990년대 초에 시작되었으니 빛축제는 불과 30년 만에 그 수가 엄청나게 늘어났고 대부분의 도시에서 성공의 기쁨을 맛보았다. 이렇게 짧은 기간에 성공적인 결과를 낸 데에는 조명예술이 전시장 밖으로 나온 것과 무관하지 않다. 매해 개최되는 축제에서 조명예술 작품들은 다양한 형태, 콘텐츠를 선보이며 그다음을 기대하게 했고, 조명기술의 발달로 축제의 내용은 매년 달라져 기대에 부응했다.

성공적인 빛축제로 꼽히는 리옹 빛축제Fete des Luimeres, 비비드 시드니Vivid Sydney, 아이 라이트 싱가포르i Light Singapore, 암스테르담 라이트 페스티벌Amsterdam Light Festival 등을 살펴보면 빛축제에 선보인 조명예술 작품의 수준은 최고라고 감히 말할 수 있다. 축제의 특성, 장소의 정체성 그리고 그 해의 주제 혹은 콘셉트에 맞추어 창의성과 다양한 조명기술을 도입한 작품들이 전시되어 있다. 빛축제의 성공은 도시민들에게만 의미가 있는 것은 아니다. 조명예술가들에게도 매년 작품을 전시할 장이 보장되어 있어 더 나은 작품을 준비하는 계기가 되고, 관련 산업에도 매우 광범위하게 유익한 영향을 미친다.

'빛축제' 하면 제일 처음 떠오르는 도시는 단연코 리옹이다. 1999년 시작된 리옹 빛축제는 리옹 인구의 4배에 달하는 400만 관람객이 모인다고 한다. 이러한 축제의 성장은 단순히 빛이 주는 아름다움 혹은 쌓인 시간에 의한 것만은 아닐 것이다. 수많은 도시가 빛축제를 하고 있지만 리옹만큼 내용이나 규모 면에서 성장해 가는 축제는 드물다. 아마도 그 이유는 민관의 생산적인 조화 때문이 아닐까 생각한다.

세계가 저마다 새로운 도시의 발전 모델을 찾을 즈음 리옹은 일찍이 고유의 문화자산과 더불어 문화의 다양성이 경쟁우위에 설 수 있는 요인임을 깨달았고, 그 다양성은 창의적인 문화예술 분야에서 찾아야 한다고 생각했다. 그중 '미디어아트'라는 다소 생소한 예술 분야를 택한 것도 우연은 아닌 듯하다. 리옹의 경제를 성장시킨 클라스터 중에 디지털 엔터테인먼트가 있어 미디어아트와 관련된 기업이 2천여 개에 이르고, 소프트웨어, 멀티미디어, 비디오게임, 영화, 오디오 비주얼 등 미디어아트와 관련된 분야에 종사하는 사람들이 모여 있는 산업적 배경도 한몫

했으리라 본다. 이미 1980년대부터 야간경관에 대한 마스터 플래닝을 하고 세심하게 완성해 나갔으며, 민간 건물의 조명을 위해 전기요금 보조, 설치비 지원을 했던 것만 보아도 그 의지가 얼마나 강력했는지 알 수 있다.

그리하여 리옹은 미디어아트 부문 유네스코 창의도시 네트워크에 가입한 최초의 도시가 되었다. 빛과 미디어아트를 이용한 야간경관을 조성하여 리옹 시민이나 리옹을 방문하는 관광객에게 새로운 문화와 미디어 예술을 경험하게 하고, 창조적인 사람들을 불러들이는 도시가 된 것이다. 리옹 빛축제는 시가 추구하는 중점사업과 목표가 시민과 기업들의 경제활동 영역과 정확하게 일치한 좋은 사례이다. 매년 축제의 볼거리 수준이 높아지고 다양해지는 것도 어느 한쪽의 힘이 다른 한쪽에 힘을 가해서 얻어진 결과가 아니라 두 힘이 공동의 목표를 향해 나아감으로써 얻어진 결과인 것이다.

빛축제 어찌하오리까

국내에서도 빛축제를 위한 움직임이 없었던 것은 아니다. 2009년 인터넷 기사를 보면 광주시가 2000년부터 빛의 산업인 광光 산업을 전략적으로 육성하여 발전시켜 왔고, 그 결과 첨단조명인 LED의 메카로 성장했으며, 광 산업의 연간 매출액이 1조 3천억 원을 기록하는 성과를 이루었다고 보도하고 있다. 또한 어떤 시에서는 "도시마케팅의 시대에 각 도시는 국내는 물론 뉴욕, 파리, 런던 같은 세계적 메트로폴리스와 경쟁을 벌여야 한다"며 "야경 정책이 지방자치 시대의 경쟁력 확보를 위한 중요한 엔진이 되고 있다"고 밝힌 인터뷰도 있다. 그야말로 민과 관이 공동의 목표를 향해 가고 있었다. 광주 세계광엑스포와 광주 빛축제도 열렸고, 2010년 빛축제에는 빛의 거장 알랭귈로Alain Guilhot가 총감독을 맡아 국내외 아티스트들의 수준 높은 미디어아트, 조명예술 작품들이 도시를 다른 이미지로 바꾸기도 했다. 그리고 그다음은 어디에도 광주의 빛축제 소식은 보이지 않았다.

그 이후 서울시 빛축제에 대한 뉴스가 나온 것은 2019년이었다. 2016년, 세계의 도시조명 정책 담당 혹은 그에 관여하는 전문가들이 모여 각 도시의 빛에 대한 사례와 도시 빛의 미래에 대한 생각을 발표하는 국제회의가 서울 동대문디자인플라자DDP에서 열렸다. 이때 도시의 조명 여건이나 정책 그리고 관리에 이르기까지 세계적으로 선두였던 서울시는 2019년부터 2년간 국제도시조명연맹의 회장도시의 역할을 하게 되었다.

서울시 대표 야간 명소의 부재 혹은 빛축제를 통한 관광 활성화의 필요성이 언급된 것은 이와 무관하지 않다. 사실상 리옹이나 시드니, 헬싱키, 암스테르담 등 세계 도시들이 이미 빛축제로 이름을 알리고 비수기에도 관광객들을 유치하고 있었던 것을 감안하면 다소 늦은 출발이었다. 그런데도 빛축제를 계획하고 준비하는 일은 그리 어려워 보이지는 않았다. 이미 조명 관련 기술이나 연출, 미디어아트 등 관련 산업의 수준은 감히 최고라고 이야기할 수 있었고, 판만 만들어지면 담을 거리는 충분했다. 더구나 정부에서 이미 4차산업에 힘을 싣고 주변 산업을 지원하면서 조명은 여러 갈래에서 융합이 이루어지고 있었고, 한류를 이끌어낸 문화예술 DNA는 세계를 향한 꽃망울을 터뜨릴 태세였다.

2022년 12월, 서울 한복판에서 처음으로 빛축제가 열렸다. 도시 전체에서 진행되는 것도 아니고 오랜 기간 기획하고 준비하여 조명예술을 망라하는 빛축제도 아니다. 특이한 점은 광화문 광장 좌우 건축물의 입면에 표출되는 미디어아트가 주축을 이루는 '서울라이트 광화'와 조명 조형물이 전시되는 '서울 빛초롱 축제'가 한 장소에서 열린다는 사실이다. 광화문 광장 일대를 미디어아트의 메카로 만들겠다는 서울시의 야심찬 발표가 있었고 좋은 작가들이 참여한다는 소식을 들었던 터라 적잖은 기대를 했다. 서울 빛초롱 축제 역시 청계천에서 개최할 당시 탄탄한 주제와 완성도 있는 조명 조형물로 해를 거듭하며 좋은 평을 얻고 있던 터라 처음이라는 것을 감안하고 후한 점수를 주고 싶었다. 매년 조금씩 발전하는 빛축제를 보는 것도 의미가 있기 때문이다.

빛축제에 대해서 저마다 다른 관점과 의견을 가질 수 있다. 이미 성공을 거둔 빛축제 모델을 그대로 답습할 필요도 없다. 환경과 여건이 다르고, 우리는 우리만이 할 수 있는 것을, 우리만의 방식으로 즐길 수 있게 한다면 축제는 그것으로도 의미가 있다. 하지만 의문이 드는 것은 어쩔 수가 없다. 서울 빛초롱 축제와 서울라이트 광화는 주제를 공유했을까? 광장에 온 사람들이 어디에서 조형물과 미디어아트를 감상할지에 대한 고민을 주고받았을까? 서로 영향을 미칠 수밖에 없는 빛환경을 고민했을까? 미디어 구조물을 가리는 어마어마한 크기의 조형물이 맥락 없이 광화문 광장을 점령하고 있어 사람을 위한 광장이 아니라 전시품을 위한 전시대로 변질되어 버린 광장, 거기에서 여기저기 가려진 구석의 미디어아트의 분주한 영상이 깜박이고 있다.

희망의 축제

해가 길어지는 동절기가 되면 빛축제에 대한 소식을 자주 접하게 된다. 오후 3시면 해가 지는 핀란드에서는 빛축제 '럭스 헬싱키Lux Helsingki'가 열린다. 일조시간이 줄어드는 동절기, 고위도 지역에 사는 사람들의 10% 이상이 SADSeasonal Affective Disorder 증세를 보이고, 심한 경우 극단적 선택까지 한다는데 헬싱키나 글래스고 같은 도시의 빛축제는 이런 현상을 줄이는 데 큰 역할을 하고 있다. 빛이 사람들의 삶을 바꾸는 선한 기능을 한 사례로, 조명업계에 몸담고 있는 한 사람으로 자부심을 느끼게 하는 빛축제이다. 요즘 빛축제나 야간경관이 도시의 경쟁력, 관광가치, 브랜딩 등 상업 목적의 경제 논리에서 출발하는 것이 못내 불편했다. 빛은 인류 역사에서 문명의 시작점으로서 수십만 년 동안 삶의 질을 개선하는 주역이었는데도 최근에는 삶의 질을 망치고, 건강을 위협하며, 환경을 파괴하는 주범으로 몰리는 현실이 안타까워 더욱 그러한지 도 모르겠다.

빛축제의 대명사, 리옹 빛축제의 기원은 종교와 연관이 있다. 간단히 언급하자면 리옹에는 1852년부터 이어져 온 성모마리아를 위하여 창틀에 초를 올려놓는 오랜 종교의식이 있었는데, 중세 유럽 인구의 3분의 1을 죽음으로 몰고 간 페스트가 유행하자 리옹 시민들은 성모마리아에게 도시를 지켜달라는 염원을 담아 창문 앞에 촛불을 밝히기 시작했다. 그 후 페스트가 완전히 물러간 것을 기념하기 위해 매년 12월 8일이 되면 각 가정에서 촛불을 밝혔고, 이것이 1998년부터 공공디자인의 힘을 입고 빛축제로 확장되어 현재는 리옹의 경제까지 보호하는 역할을 하고 있다.

축제Festival의 원래 뜻은 '공동체에 의한 종교 행사'이다. 축제의 어원을 살펴보면 '일상적인 것에서 벗어남Feriae'과 '종교적 의식에 들어감Festus'이 합쳐진 것으로, 공동체가 종교적 의식에 참여하여 일상의 근심에서 벗어나 새롭게 살아갈 힘을 얻는 행위였던 것이다. 제사의 성격을 가진 이러한 행위는 고대에서부터 시작되었으며, 이후 농경 시대에도 축제는 공동체의 번영과 안정을 기원하기 위한 것으로, 천재지변이나 전염병으로부터 무탈하길 바라는 기도의 의미이기도 했다. 괴로운 현실에서 벗어나길 바라는 절박한 행위가 관광 요소로 변질되어 재미, 즐거움의 대명사가 된 것은 아이러니하다.

작년 말 프랑스 및 유럽 전역에서 연일 코로나19 감염자와 사상자 수

코펜하겐의 빛축제

가 기록을 새로 쓰고 있을 때, 일찌감치 빛축제를 포함한 대부분의 축제가 취소된다는 뉴스가 보도되었지만 리옹 빛축제 취소 소식은 들리지 않았고 오히려 개최를 향한 움직임이 보였다. 빛이 주는 치유의 힘을 빌려 코로나를 물리치고, 우리의 생명을 위협하고 일상을 망가뜨리는 병이 유행하지 않기를 바라는 마음이 아니었을까.

도시의 모든 사람이 같은 간절함으로 밝음을 마주하고, 빛이 주는 희망의 메시지에서 힘을 얻어 환한 표정으로 즐길 수 있는 빛축제가 서울시 전역에서 열릴 그날을 기대해 본다. 그날만은 적정 조도, 에너지 효율, 빛공해 이야기를 접어두어도 좋을 것 같다.

가로등의 변신

도시마다 그 도시의 이야기를 들려주는 다양한 요소들이 있다. 광장이나 시청, 공원과 같은 장소도 그러하고 길의 너비나 포장 그리고 택시나 버스, 전차, 지하철과 같은 대중교통의 생김새도 그러하다. 조명디자인을 해서 그런지 나는 어느 도시를 가나 가로등에서 그 도시의 이야기를 발견한다.

북유럽 핀란드 헬싱키의 가로등은 현수등이 대부분이다. 도로가 그리 넓지 않고 차도 사람도 많지 않아 과다하게 밝을 필요도 없을 뿐 아니라 가로등을 별도로 세울 공간도 넉넉지 않다. 가로등을 설치하기 위한 줄은 민간 건물에 고정한다. 언젠가 프로젝트를 하면서 현수조명을 제안한 적이 있는데 민간 소유의 건물 외부에 공공의 가로등을 설치하는 데에는 관리주체부터 시작해서 민감한 일들이 꽤 많이 나열되어 결국 무산된 경험이 있다. 핀란드의 디자인은 자연에서 보이는 유기적인 선이 특징이다. 다양한 가로등의 모습도 하나같이 아름다운 곡선 형태를 갖고 있다. 예전에는 오렌지빛 나트륨등이었으나 이제는 LED로 교체하여 하얀빛을 내고 있지만 외부 형태는 그대로 사용한다고 했다. 광장이나 공원과 같이 시민이 모이는 곳은 더 화려하고 아름다운 가로등이 공간을 비춘다. 그 가로등은 주간, 야간 언제 보아도 아름다운 오브제로 도시의 공원과 조화를 이룬다.

바르셀로나의 가로등은 예술이 입혀진 조명이라고 해야 할지, 예술작품에 조명이 붙어 있다고 해야 할지 혼란스럽기까지 하다. 가우디의 건축양식에서 보이던 재료, 형태가 그대로 도시의 공공재에 도입되었다. 시민보다 방문객이 더 많아 보이는 바르셀로나의 밤거리가 제법 품격 있어 보였던 것은 분명 가로등 때문이라고 믿는다. 좁은 도로에 사용된 가로등도 그 높이가 낮고 보다 단순한 형태이지만 주물로 디테일을 만들고 색을 입혀 그 나름의 아름다움이 있다.

또, 가로등의 디자인은 어떤 도시에서 그 지역의 위상이나 기능을 이야기해 주기도 한다. 로스엔젤레스에 가면 고급 주택가 베벌리힐스와 타 지역의 가로등은 생김새나 마감, 설치 방식에 있어서 다르다. 가로등의 높이가 길의 너비보다는 담의 높이와 유관해 보이는 것도 재미있는 광경이다. 로데오거리에는 실내에나 사용할 법한 샹들리에 형태의 조명기구를 도로 조명기구에 도입하여, 거리에 대한 정보가 없이 온 사람도 명품상점가라고 알아차릴 만큼 화려하다. 한편, 프리웨이나 경제적으로

헬싱키 시내 현수등. 유럽의 도로는 도로 폭이 좁아 가로등을 세우지 못하고 건물 사이에 현수등으로 설치하거나 건물 벽면에 부착한 사례가 많다.

넉넉지 못한 지역의 가로등은 우리에게 친숙한 서울의 가로등과 별반 다르지 않다. 가로등 헤드를 설치하기 위한 튼튼한 가로등주 그리고 아무렇게나 뻗은 듯한 지지대, 일률적인 바가지 모양의 헤드…….

프랑스 남부 도시 마르세유는 예전부터 중부 아시아와 유럽 간의 교통요지로, 오가며 들르는 외국인들이 많은 도시이지만 가장 프랑스답지 않은 모습의 도시로 유명했다고 한다. 공기에서 향수 냄새가 날 것만 같은 파리나 남프랑스의 니스 같은 도시와는 달리 낡고 지저분해서 관광객들을 실망하게 했다고 한다. 2013년 이 오래된 항구는 가로등 교체사업을 하여 걷고 싶은 장소로 변모했다. 6개의 헤드가 회오리 모양으로 타고 내려오는 듯한 23m 높이의 폴은 항구를 밝게 비추어 밤에도 안전하게 걸을 수 있는 장소로 바꾸었다. 이 가로등은 그 형태만으로 낮에도 볼거리를 제공한다.

도시의 야간경관을 위해 가장 중요하게 다루어져야 하는 것이 가로등, 보안등이다. 어마어마한 숫자와 도로마다 일렬로 줄지어 서 있는 가로등은 강력하게 그 도시의 야간 이미지를 그려낸다. 자동차도로는 도로면의 밝기와 균제도가 중요하고, 보행자를 위한 보안등 역시 안전을 위한 밝기와 빛공해 관련 조사 방향, 휘도가 중요하다. 물론 광학적인 기능을 먼저 생각하는 것은 당연한 일이다. 하지만 주간에도 그 수많은 가로등, 보안등이 여전히 존재하며 그것도 도시 이미지 중 일부라는 사실이다. 광원을 LED로 교체하는 가로등, 보안등 사업의 제안서는 온통 광학적 기준을 충족한다는 내용뿐이다. 어쩌다 형태에 대한 이야기를 꺼

바르셀로나 고딕거리 가로등. 거리의 분위기, 건축물의 디자인과 조화로운 가로등이다. 철을 다루는 능력이 뛰어났던 바르셀로나에서는 조형예술 작품에 가까운 가로등을 심심찮게 볼 수 있다.

내면 어김없이 예산 이야기가 나온다.

로스엔젤레스 카운티 미술관에 가면 입구 광장에 가로등이 나열된 것을 볼 수 있다. 크리스 버든Chris Burden의 〈Urban Light〉라는 작품이다. 1920~30년대 가로등을 모아서 만든 작품으로, 지금으로부터 거의 100년 전에 사용하던 조명기구이지만 지금 쓴다 해도 전혀 구식으로 느껴지지 않는 디자인이다. 그렇기 때문에 공공재가 예술작품으로 간주되는지도 모른다. 그 시기 미국은 경제적으로 어떤 상황이었을까? 과연 예산이 문제의 본질일까?

서울의 경관 개선을 위한 여러 가지 사업에서 가로등이나 보안등을 위한 예산을 들여다보면 처량하기 짝이 없다. 더욱이 공공에 적용할 수 있는 조명기구의 생김새에 조형미를 거론하는 것은 사치며 세금을 낭비하는 주범으로 몰릴 소지가 다분하다. 서울이 명품 경관을 자랑하는 도시가 되려면 건물, 공원, 광장, 거리의 포장만큼 가로등, 보안등에 대한 다른 시각이 필요하다.

마르세유 올드 포트 광장 가로등. 2013년에 진행된 마르세유의 올드 포트 리노베이션 프로젝트에서 얀 케르살레가 제안한 가로등이다. 항구와 수변까지 확장하여 비추도록 계획된 17개의 하이마스트 가로등은 폴의 형태는 날렵하게 배의 마스트 부분을 형상화하고 조명기구는 나선형으로 설치하여 지형의 형태와 대비되는 유기적인 선으로 보이도록 했다.

런던 킹스크로스 광장의 가격

런던은 아주 가끔 가게 되는 도시다. 서울로부터의 비행시간도 만만찮지만 서유럽, 동유럽 그리고 북유럽 어디를 가든 일부러 일정을 잡아야 하는 까닭에 특별한 이유가 아니면 별도의 시간을 할애하기 쉽지 않다.

오랜만에 방문한 런던은 한층 더 경관적으로 업그레이드한 느낌이 들었다. 새로운 고층 건물들이 템스강변에 들어섰을 뿐 아니라 자재나 공법 그리고 운용 시스템에 있어서 친환경적이고 지속가능한 건축물을 만들기 위하여 많은 예산을 투입하고 있다고 한다.

테이트 모던의 별관이 생겨 전시의 질과 양에 있어서 엄청난 팽창을 한 듯했다. 그 내용면에서도 문화예술에 국한하지 않고 사회 이슈, 공공의 삶을 위한 내용들을 포함하고 있어 우리 현대미술관도 언젠가는 이 지점으로 오겠다는 생각이 들었다.

런던에 가면 꼭 가보아야지 하고 마음먹고 있었던 곳은 킹스크로스 광장 일대였다. 이 광장은 킹스크로스역을 포함하고 있는데 1852년에 세워진 붉은 벽돌 건물과 주변까지 약 7000㎡에 이른다. 해리포터가 카트에 짐을 가득 싣고 호그와트 마법학교로 가기 위해 벽으로 돌진하는 그 장면에 등장하는 역이다. 야간경관 설계를 맡은 'Studio Fractal'에 의하면 형태, 질감, 역사성 등 공간의 특성을 그대로 재현하고, 광장을 이용하는 시민들을 위한 장소로서의 공공성을 확보하는 데에 주안점을 두었다고 한다. 조명계획은 상징적인 야간 명소가 될 수 있도록 역사 입면의 벽돌색과 질감을 밝고 아름답게 표현함과 동시에 길 찾기가 용이하고 시민들이 오래 머물 수 있는 공간을 연출했다고 한다.

자료에서 접했던 대로 위치를 찾는 일은 어렵지 않았다. 런던 시내에 여기저기 붉은 벽돌 건물이 산재하고, 'KING'S CROSS RAILWAY STATION'이라는 글자나 기차 그림도 없었지만 커다란 시계와 분주하게 오가는 시민들로 가득한 광장을 보고 바로 알아차렸다. 가장 먼저 눈에 들어온 것은 20m 높이의 폴이었다. '니들스The Needls'라는 이름의 조명기구로, 제법 넓은 광장에 단 3개만이 설치되어 바닥과 역 건물의 입면을 부드럽게 비추고 있었다. 역사적 가치를 갖는 역 건물을 가리지 않도록 배치한 것도 인상적이었지만 조명기구의 빛이 눈부시지 않도록 작은 광원 여러 개를 사용한 세심함이 돋보였고, 그 자체가 하나의 오브제처럼 아름다웠다. 짐작건대 폴의 높이가 높아지면서 효율은 낮아졌겠지만 기준 밝기를 광장 전체에 고르게 퍼지게 하는 데에 이로웠을 것이고 설치해야 하는 조명기구 수가 줄어 유지 관리의 횟수 또한 줄어들었을 것이다. 광장에 들어서면 같은 디자인의 낮은 폴들이 정렬되어 있는데 이는 티켓을 사는 공간으로 유도한다. 사람들이 앉도록 계획된 공공조형물과 그늘을 드리우는 수목의 조명은 낮은 강도로 밝기를 만들고, 사람이 머무는 데에 편안한 환경이 되도록 하고 있었다. 역에 밤늦게 도

킹스크로스 광장

착하는 사람들을 배려하여 거리로 나서는 경계는 아주 밝게 계획되어 말 그대로 안전한 도시에 도착했다는 인상과 함께 환영의 메시지를 전하는 듯했다. 오래전 킹스크로스역은 여느 대도시의 역처럼 낙후된 시설과 오갈 데 없는 사람들로 눈살이 찌푸려지는 곳이었으나 도시재생 프로젝트를 통하여 밤에도 안전하게 오갈 수 있는 역이 되어 더 많은 관광객을 불러 모았을 뿐만 아니라 주변 지역의 발전까지 유도했다.

얼마 전 어느 회의에서 경관과 야간경관의 정의가 무엇인지 질문을 받았다. 특히 야간경관에 대해 불만 가득한 질문이었다. 가로등이면 되지 무슨 멋을 부린다고 아파트 옥탑에 조명을 켜두어 밤하늘도 안 보일 지경이 되게 하느냐고 하면서 관리가 힘들고 예산만 들어간다는 것이었다. 경관법이 생긴 지 어언 10년이 되어 가는데 아직도 거리의 가로등은 야간경관이 아니고 알록달록한 것들만 야간경관이라고 생각하는 사람들이 있나 보다. 해가 진 뒤 인공조명요소에 의해 드러나는 도시의 경관이 야간경관이며, 도로의 가로등, 골목길의 외등, 아파트나 백화점의 조명, 공원이나 광장의 조명 등 모든 것들이 도시의 야간경관을 구성한다. 야간경관 계획이 잘된 지역은 안전한 환경이 되기 때문에 삶의 질이 좋아져 지역의 선호도가 올라간다. 그 다음 단계로 상징적인 장소 혹은 건축물은 그 지역을 방문하게 하고 기억하게 한다. 내가 사는 지역의 안전과 아름다움이 과연 가격을 가늠할 수 있는 것일까.

문화비축기지를 미디어비축기지로

제주도에 가면 '빛의 벙커'가 있다. 이곳은 해저 광케이블 관리를 위해 만들어진 국가시설로, 오랜 시간 외부에 알려지지 않은 비밀 벙커를 미디어아트 전시관으로 재탄생시켰다. 수십 대의 빔프로젝터가 외부의 빛이 완전히 차단된 900평 단층 공간의 실내를 가득 채우고 있다.

'빛의 벙커'는 1990년 프랑스에서 브루노 모니에Bruno Monnier가 설립한 컬쳐스페이스Culturespaces가 개발한 아미엑스Amiex, Art&Music Immersive Experience가 그 시작이라고 한다. 컬쳐스페이스는 2012년 프랑스 남부 레보드프로방스 지역에 있는 폐쇄된 채석장에 고갱, 고흐 등의 작품을 아미엑스 기술로 선보인 '빛의 채석장'으로 큰 인기를 끌었다. 2018년 4월에는 파리 11구의 오래된 철제 주조공장에 '빛의 아틀리에'를 열었다. 지금 제주에서 하고 있는 '빛의 벙커'는 그곳에서 선보였던 콘텐츠를 가져온 것이다. 이 전시를 설명할 때 '몰입형'이라는 단어가 붙는데 실제 그 공간에 들어가 보면 모든 자극이 차단된 공간에서 작품을 관람하는 '나'가 작품의 일부가 되는 경험은 생각보다 강렬하다.

헬싱키의 '사일로 468Silo 468'은 버려진 기름 저장고를 개조하여 '빛의 파빌리온'으로 재탄생시키고 내부는 문화공간으로 재생한 사례이다. 표면에 설치된 2,012개의 구멍(헬싱키가 세계 디자인 수도였던 2012년을 기념하는 의미)과 1,280개의 인공조명이 바람의 속도와 방향, 자연광의 변화를 패턴으로 표현하며, 북측 구멍에 설치된 거울은 주광을 반사함으로써 수면의 반짝임을 표현한다. 2,012개의 구멍이 내부로 자연광을 끌어들이기 위한 장치라면 1,280개의 조명은 야간 빛의 패턴을 만들어 내는데 자연현상이 그렇듯이 반복된 적이 없다고 한다. 헬싱키 연안의 바다에서 등대의 역할을 하는 '사일로Silo'는 어둠이 짙어지면 1시간 동안 백색광에서 붉은색 조명으로 바뀌어 에너지의 용기였던 본래의 기능을 의미하기도 한다.

2015년 헬싱키에서 열렸던 국제도시조명연맹 회의에 참석했을 때 '사일로 468'에서 공연과 칵테일파티가 열려 실제로 공간을 경험할 기회가 있었다. 헬싱키 본토에서 2km 정도 떨어져 있어 배로 들어가야 했는데 해질 무렵 바다에서 처음 만난 '사일로'는 흰색 표면이 온통 노을에 물들어 붉게 보였고, 금세 해가 지면서 LED 조명이 바람에 맞추어 켜고 꺼지기를 반복하며 부드러운 패턴을 만들고 있었다. 실내에 들어서면서 지는 해의 긴 빛이 구멍을 통해 패턴을 만들고, 다시 인공조명으로 채워

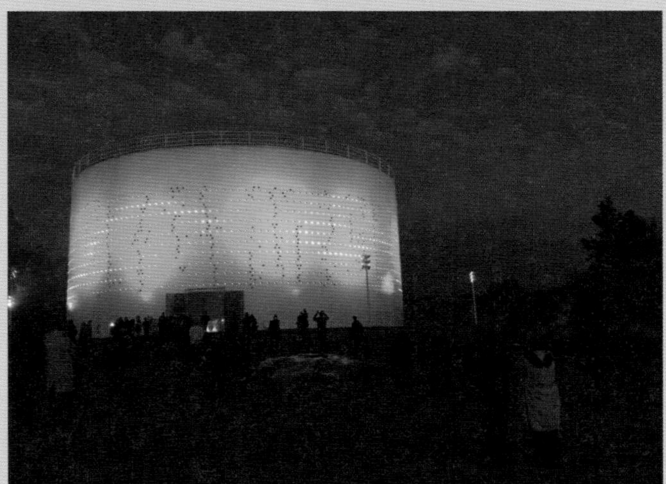

사일로 438 외부

지고 난 다음 공연이 시작되었다.

서울의 문화비축기지는 석유비축기지가 문화공간으로 재생된 사례이다. 헬싱키의 '사일로 468'이 바다에 둘러싸여 있다면 문화비축기지는 산속에 파묻힌 형상이다. 그 규모 또한 비할 바가 못 된다. 주변 부지는 축구장 22개 크기이며, 높이 15m, 지름 15~38m의 5개 탱크로 구성되어 있다. 현재 공연장, 강의실, 홍보관 그리고 식음시설 등을 포함하는 복합문화공간으로 사용되고 있다고 한다. 2017년 말에 개장했지만 그 쓰임새가 활발한 것은 아닌 듯하다. 날로 발전해 가는 조명 영상 기술과 국내의 수많은 미디어 아티스트들의 콘텐츠를 접하며 야간에 즐길 수 있는 빛의 예술을 주간에도 볼 수 있다면 좋겠다는 생각과 함께 이것을 위한 공간으로 거듭나는 것은 어떨까 하는 생각을 해본다.

위의 두 사례를 바탕으로 문화비축기지를 빛 비축기지로 브랜딩하여 외부의 빛이나 소리의 조건과 관계없이 주야간 미디어아트를 즐길 수 있는 전문적인 전시 공간으로 기획해 보는 것은 어떨까. 주변 공원에 앉아 탱크 겉면에 영화 혹은 연주회 영상을 프로젝션하여 감상하도록 하는 것도 특별한 경험이 될 것이다. 해외의 우수 사례뿐 아니라 가까운 곳의 사례에도 눈을 돌려 볼 일이다.

사일로 438 내부

도시야경, 다르게 바라보기

도시의 모습은 오랜 시간 동안 삶의 공간과 사회적인 사용들이 쌓여 만들어지는 것이다. 나라마다 도시마다 형식과 기능이 같아도 다른 모습을 갖게 되는 것을 보면 어떤 규칙이나 명령에 의해 갑자기 생겨나는 것은 아닌 것이다. 특히 서울처럼 오랜 역사를 가진 도시는 더욱 그러하다. 그러기에 서울의 경관적 특징을 이야기할 때 내가 자주 사용하는 단어는 '귀납적' 경관이다. 그때그때 필요에 의해 만들어져 딱히 설명할 틀이 없다. 하지만 자연적으로 들어선 빽빽한 경관 요소는 그 나름대로 질서를 만들고 혼란 속의 조화를 지키고 있다.

지난 봄 코펜하겐을 여행하면서 북유럽 도시의 삭막함을 제대로 경험했다. 3월인데도 눈이 내리고 봄이지만 여전히 싸늘한 공기가 도시를 차지하고 있었다. 얼어붙은 강 뒤편으로 엽서에서 나온 듯한 빨갛고 노란

벽의 건물은 아름다웠지만 에너지가 느껴지지 않아 아쉬웠다. 그런데도 코펜하겐을 아름다운 도시로 기억하는 건 올라퍼 엘리아슨Olafur Elison의 작품 〈Your Rainbow Panorama〉를 통해 도시를 바라본 독특한 경험 때문일 것이다.

덴마크 태생의 설치미술가 올라퍼 엘리아슨은 아로스 오르후스 쿤스트 뮤지엄의 루프탑에 폭 3m, 길이 150m의 거대한 유리 통로를 설치하고 무지개색 필름을 부착했다. 작가는 관람자가 유리 통로를 걸으며 작품의 일부가 되고, 필름을 통해 바라보는 도시의 이미지가 작품이 되는, 작품의 안과 밖이 모호해지는 경험을 의도했다고 한다. 하지만 내가 경험한 바는 도시를 이미지화하는 색다른 제안이었다. 그 유리 통로를 걸으니 내 움직임에 따라 시시각각 다른 색으로 물드는 도시의 이미지를 경험할 수 있었다. 대부분 흐렸던 코펜하겐의 하늘이 붉게 물들거나 오렌지빛으로 물들어 도시 전체에 에너지가 가득한 느낌이 들었다. 나와 같은 여행자가 아닌 코펜하겐 사람들에게는 더 충격적이지 않을까. 유리 통로에 들어서 걸음을 옮겨가며 필름을 통하여 색을 입은 코펜하겐의 모습을 바라보면서 생소하고 낯선 느낌을 받았을지도 모르겠다. 또 어떤 사람은 색이 입혀진 코펜하겐을 잉크가 흘러넘치는 인쇄기에서 인쇄된 엽서처럼 생각했을 것이다. 코펜하겐의 건물들이 각기 다른 원색으로 채색되어 있어도 나름의 조화를 이루고 있는 것은 회색빛 하늘이 한몫한 것일지도 모른다.

리옹 빛축제에 다녀온 후 사람들로부터 어떠했냐는 질문을 받을 때마다 머뭇거리게 된다. 리옹은 유네스코 세계문화유산으로 지정된 중세 바로크 건축물이 가득한 구시가지와 미래도시의 모습을 제안하는 프로젝트로 현대건물들이 즐비한 라 콩플뤼엉스 신시가지가 공존하는 독특한 경관을 가지고 있다. 빛은 그 자체로 보이는 것이 아니라 비추는 대상물에 의해 그 존재가 드러난다. 도시의 야간경관 역시 주간에 보이는 도시경관적 특성을 극대화하는 것이 바람직한 방향이라고 믿어왔던 나로서는, 중세 바로크 양식의 건축물을 거대한 스크린으로 이용하는 영상의 향연이 주간의 모습을 상상할 수 없게 만들어 불편했다.

조명기술의 발달은 더욱 다양한 기법으로 풍부한 콘텐츠를 연출하고 그 결과 주간의 모습은 찾아볼 수 없는 야간만의 이미지를 재창조해 낸다. 리옹 빛축제가 매년 그 질이나 양적인 면에서 풍부해지고 있고, 다른 나라의 빛축제 관계자뿐만 아니라 관광객의 숫자도 나날이 늘어가고 있다는 것을 관계자들에게서 듣고, 또 내 눈으로 확인하고 와서도 과연 이것이 올바른 빛축제의 방향인가 하는 의문을 여전히 갖고 있어 대답을 머뭇거렸다. 오랜 역사를 가진 리옹은 미디어아트 페스티벌이 열리는 시드니나 싱가포르와는 분명히 다른 모습의 도시인데 빛축제의 내용이나 방향은 동일하니 안타까운 생각이 들었다.

밤이 길어진 겨울, 연말이 되면서 서울 시내는 낮보다 밤이 더 화려하다. 시청 앞 광장의 크리스마스 트리가 불을 밝히고, 청계천의 크리스마스 페스티벌은 장장 1.5km 구간에 걸쳐 조명장식물이 설치되어 있다. 서울도 리옹과 다를 바 없이 점점 모든 경관 요소가 영상을 띄우기 위한

올라퍼 엘리아슨의 〈Your Rainbow Panorama〉

스크린이 되어가고 있다. 아직은 고건축 지붕의 처마 밑 단청이 빛을 받아 아름다운 선이 강조되고 색의 화려함이 드러나고 있지만 어느 순간 지붕이 허물어지고 단청의 색이 푸르게 덧입혀지는 영상을 입게 될지 모를 일이다. 새로운 세상은 새로운 자로 재야 하는데 나의 이런 생각이 고리타분하고 변화를 두려워하는 구닥다리일까 두렵다.

도시조명 전문가의 고백

영국의 조각가 앤터니 곰리Anthony Gormley를 처음 알게 된 것은 2009년 '원 앤 아더One and Other' 프로젝트에 대한 기사를 접하고 나서이다. 영국 런던의 트래펄가 광장은 역사적으로 유명한 트래펄가 해전을 기념해서 이름을 딴 광장으로, 4개의 동상 받침대가 있고 이 중 3개에는 넬슨 제독과 조지 4세 등 역사적인 남성 인물의 동상이 세워져 있다. 나머지 한 개는 오랫동안 비어 있었는데 런던시가 여기에 현대미술작품을 전시하기로 결정하면서 여러 작가의 조각작품이 전시되기 시작했다. 서펜타인 갤러리의 '파빌리온Serpentine Pavilion' 프로젝트처럼 작품이 바뀔 때마다 사람들은 지대한 관심을 가지고 바라보았고, 영국뿐 아니라 전 세계의 관심을 집중시켰는데 절대로 조각의 모델이 될 수 없었던 장애인과 여성을 주제로 한 마크 퀸Marc Quinn의 〈Alison Lapper

Pregnant〉도 그중 하나였다.

곰리가 이 프로젝트에서 제안한 작품은 조각이 아닌 퍼포먼스였다. 100일, 2,400시간 동안 2,400명이 동상 받침대 위에 서서 1시간씩 살아 있는 조각상이 되는 것이었다. 온라인을 통해 지원자를 모집하고 무작위로 선발하여 진행했다. 제1호로 선발되었던 사람은 아이를 키우는 평범한 주부로, 학대받는 어린이에 대한 사회의 관심을 이끌어 내겠다는 목소리를 내기 위해 지원했다. 받침대에 올라가 의자를 펴고 1시간 동안 책을 읽는 평범한 일상을 보여 주는 사람도 있었다. 작가는 영웅, 남성 위주의 역사를 담은 조각들로 채워져 있는 트래펄가 광장에 평범한 개인을 동상 자리에 올림으로써 제한된 계급이 대표하는 광장이 아닌 민주적인 광장으로 바꾸고자 했다고 한다.

앤터니 곰리는 뉴욕 브루클린의 브리지 파크에 〈New York Clearing〉이라는 작품을 선보이기도 했는데, 끝없이 연결된 알루미늄 튜브로 만들어진 초대형 조각이었다. 이는 K팝 아티스트 BTS가 후원하는 글로벌 현대예술 프로젝트 'CONNECT BTS' 중 하나였다. 곰리는 이 프로젝트에 참여하게 된 이유를 "고립되어 있고 자기중심적인 현대예술이 대중의 지지를 받고 있는 BTS를 통해 관객과 커넥트될 기회"라고 말했다.

2019년 DDP의 외관에 프로젝션 맵핑Projection Mapping하는 형식으로 진행된 서울라이트 DDP는 '서울 해몽'이라는 주제로, DDP의 과거, 현재, 미래에 대한 기억의 공간을 여행하는 경험을 의도했다. 이 프로젝트에 참여한 작가 레픽 아나돌Refik Anadol은 한국의 문화를 거리의 소리와 전통적인 한국의 음악을 통해 알게 되었다는 인터뷰를 했다. 잘 알지도 못하는 나라의 문화, 지역의 기억을 어떻게 이미지로 보여줄 수 있을지 궁금했다. 그가 이번에 선보이는 작품은 DDP가 가지고 있는 데이터와 온라인에 축적된 데이터를 인공지능에 학습시켜 만든 영상이라고 하니 과연 작가의 개입이 어떤 식으로 영향을 미칠지 또한 궁금했다.

서울의 랜드마크 하드웨어에 세계적인 작가의 콘텐츠. 약 20분간 펼쳐지는 영상쇼는 이전에 한 번도 경험해 보지 못한, 말 그대로 '와우!'라는 감탄사를 연발하기에 부족함이 없었다.

마치 외국에 나와 있는 듯한 착각마저 들며 영상쇼가 펼쳐지는 동안 지루할 틈이 없었다. 적당한 흐름의 속도와 콘텐츠의 구성을 보면서 역시 세계적인 작가라는 생각이 들었다. 동행했던 지인들의 얼굴을 살필

레픽 아나돌의 서울 해몽

겨를도 없이 감탄을 연발하고 있는데, 용기를 낸 한 명이 물었다. "근데 저게 뭐야?"

도시의 야간경관을 계획하면서 자주 꺼내 드는 카드가 문화예술을 담은 복합기능의 조명 조형물 개념이다. 가로등과 같은 도시의 공간조명도 폴 위에 헤드를 달아 밝게 비추는 기능만 할 것이 아니라 조형성과 기술을 담아 주간에도 조형물로 보이게 하자는 제안이다. 전문가들은 공공공간의 난간, 벤치, 휴지통, 사인물 등 대부분의 환경조형물에 조명을 덧붙여 이제까지 없었던 새로운 개념의 야간경관을 만들어 보자고 한다. 조명기술이 발전했고 도시의 밤은 밝아져 기존 방식의 것들을 고수할 필요가 없다면서 말이다. 하지만 다시금 생각해보니 전문가의 이름을 달아 이해하기 어려운 그림을 들이밀어 온 건 아닌지 모르겠다.

앤터니 곰리라는 세계적인 노작가가 순수 작가의 고립을 고백하며 대중예술가와 팀을 이루어 소통에 나선 것처럼 도시의 야간경관이 좋아진다는 것이 어떤 의미이며, 점점 다양해지는 조명의 형식과 기술은 우리의 일상에 어떤 선한 영향을 주는지, 그리고 사람들이 무엇을 필요로 하고 원하는지부터 소통해야 할 일이다.

도판 출처

19 ©Gillray, James/Wikimedia Commons

35 위, 42, 44, 46, 83, 87, 88, 89, 94, 128, 134, 136, 140, 201, 206, 207, 213, 229, 231, 233, 240 아래, 242, 250 ©백지혜

35 아래 ©Reeve Jolliffe/flickr

60 ©TF urban/flickr

63 ©Tim D Williamson/Wikimedia Commons

72 ©TsundereTo/pixabay

103 ©Guillaume Baviere/Wikimedia Commons

107 위 ©burge5000/Wikimedia Commons

107 가운데 ©Dietmar Rabich/Wikimedia Commons

107 아래 ©Branewbs/Wikimedia Commons

113 © Jim Osley/Wikimedia Commons

114 ©Stephen Mckay/Wikimedia Commons

157 ©Kim Carpenter/Wikimedia Commons

164, 172 ©Daan Roosegaarde/www.studioroosegaarde.net

178 ©Julia.bosque.01/Wikimedia Commons

181 ©Lisa Bettany/Wikimedia Commons

185 위 ©Realisations/Wikimedia Commons

185 가운데, 아래 colorkinetics.com

187 ©Darren Price/Wikimedia Commons

188 ©Dunpharlain/Wikimedia Commons

203 ©William Warby/Wikimedia Commons

226 ©News Oresund/Wikimedia Commons

236 ©Andrew Gray/Wikimedia Commons

240 위 ©Satu-Marja Nygren/Helsinki City Museum 소장/Wikimedia Commons

246 위 ©Jens Cederskjold/Wikimedia Commons

246 아래 ©Håvar og Solveig/Wikimedia Commons

도시조명 다르게 보기

인쇄일 2023년 9월 21일
발행일 2023년 10월 13일

지은이 백지혜

펴낸곳 아트로드
펴낸이 신지현
출판 등록 2018년 9월 18일 제010-000154호
주소 부천시 부천로198번길 18 춘의테크노파크2차 202동 10층
전화 031-906-6220
팩스 0303-3446-6220
전자우편 artroadbook@naver.com
홈페이지 artroadbook.modoo.at

*이 도서는 2023 경기도 우수출판물 제작지원 사업 선정작입니다.

ISBN 979-11-967944-9-1 (03560)